室内设计师须知的
100个节点

苏南华　编著

江苏凤凰科学技术出版社 · 南京

图书在版编目（CIP）数据

室内设计师须知的100个节点 / 苏南华编著.
南京 ：江苏凤凰科学技术出版社，2025. 7. -- ISBN
978-7-5713-5310-0
Ⅰ. TU238.2
中国国家版本馆CIP数据核字第2025GJ7292号

室内设计师须知的 100 个节点

编　　著	苏南华
项目策划	凤凰空间/刘立颖
责任编辑	赵　研
责任设计编辑	蒋佳佳
特约编辑	刘立颖
出版发行	江苏凤凰科学技术出版社
出版社地址	南京市湖南路1号A楼，邮编：210009
出版社网址	http://www.pspress.cn
总　经　销	天津凤凰空间文化传媒有限公司
总经销网址	http://www.ifengspace.cn
印　　刷	雅迪云印(天津)科技有限公司
开　　本	889mm×1 194 mm 1 / 16
印　　张	9
字　　数	70 000
版　　次	2025年7月第1版
印　　次	2025年7月第1次印刷
标准书号	ISBN 978-7-5713-5310-0
定　　价	98.00元

图书如有印装质量问题，可随时向销售部调换（电话：022-87893668）。

前言

室内设计领域的发展日新月异，市场上的节点书籍种类繁多。然而，新入行的设计师和技术人员往往难以迅速掌握最新的工艺节点表达方式，这不仅限制了设计想法的实现，也不利于职业成长。鉴于此，我精心策划并编写了这本书，旨在助力设计师们提升施工图学习效率，掌握更新、更及时的节点知识和表达方法。

本书在尺寸标注方面进行了细化，为读者提供常用节点尺寸的清晰概念，帮助大家更精准地把握空间表达。同时，每个节点都配以清晰的内部构造图，便于设计师准确掌握装饰完成面。

此外，为了帮助立体空间想象能力尚不丰富的新手设计师，我们通过三维示意图还原节点，辅助他们更好地理解节点和工地现场的工艺做法。

本书在市场上相关书籍的基础上进行了优化和改进，并专门整理了最新的施工图节点工艺，分享给读者。我们希望尽最大努力，为年轻设计师、深化设计师、设计爱好者及相关从业人员提供实际的帮助。同时，为了跟上时代发展的潮流，我们为所有购买本书的读者提供书籍所有节点的源文件。

在此，衷心感谢每一位读者的支持。愿你们通过本书学到最新的节点知识，获得解决问题的思路，从而解决实际问题。

苏南华

目录

1

第一章

天花节点

1 暗藏灯带天花节点（石膏线灯槽）

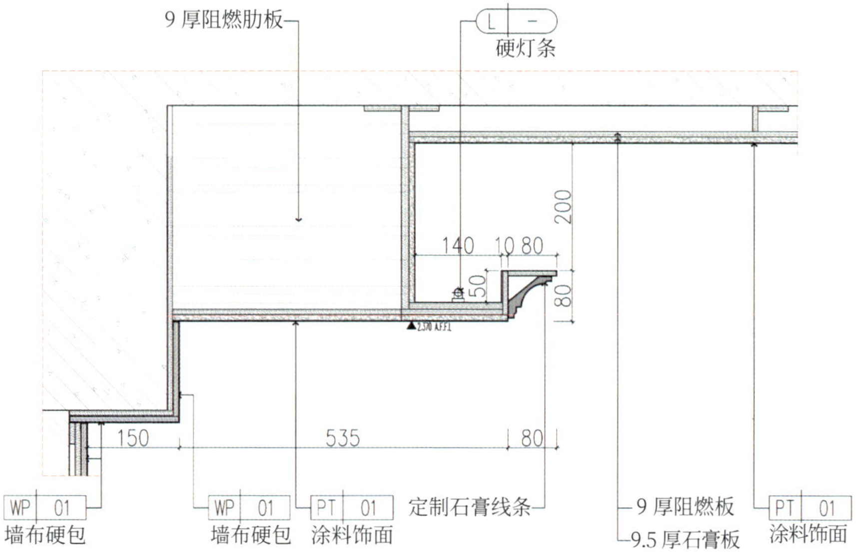

节点大样图

注：本书图中所注尺寸除注明外，单位均为毫米。

三维示意图

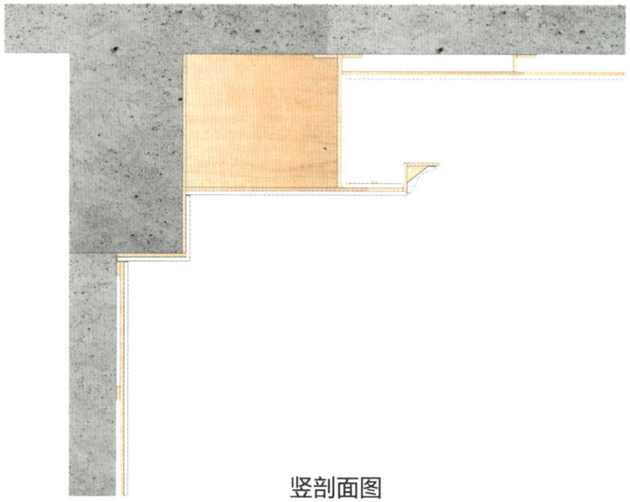

竖剖面图

说明 先做吊顶造型，定制石膏线条，再做墙布硬包造型。

2 扶手——暗藏灯带天花节点

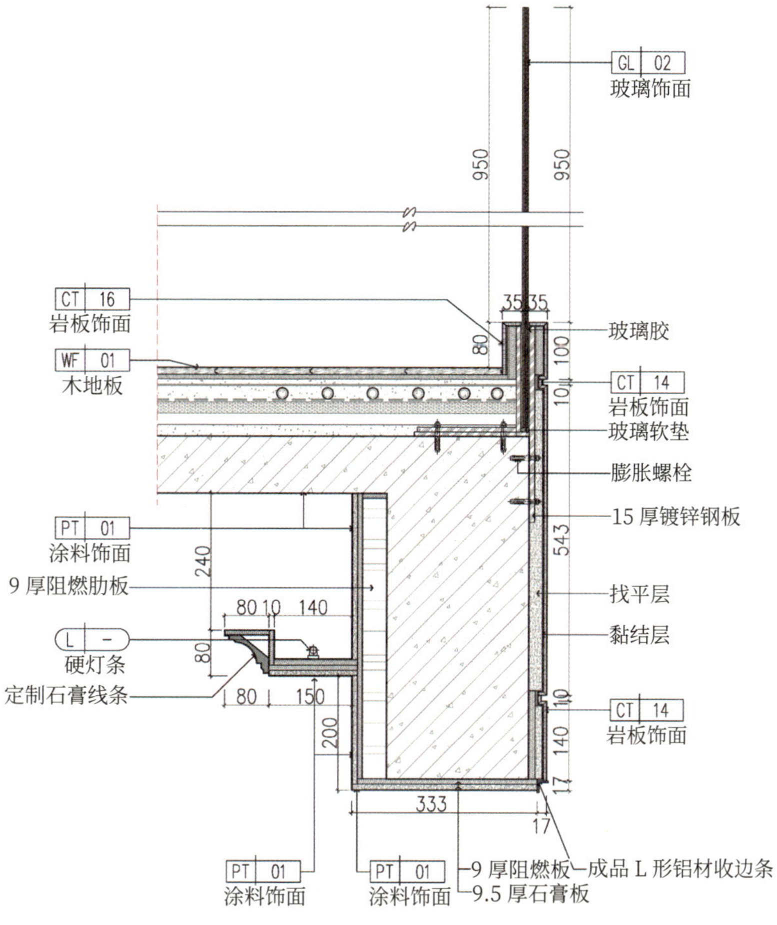

节点大样图

三维示意图

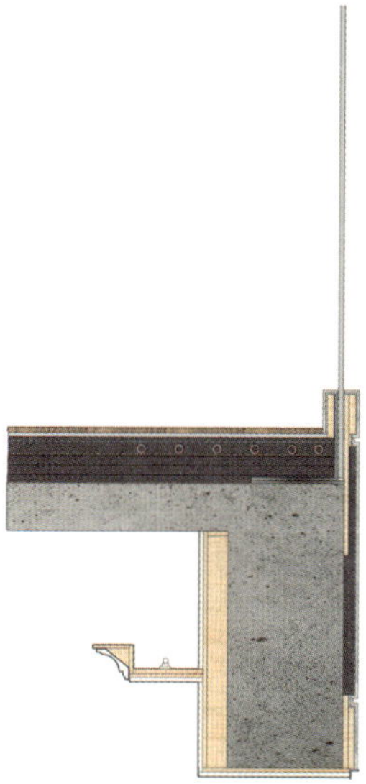

竖剖面图

说明 先安装固定 U 形槽固定无框玻璃，U 形槽深度为 100 mm 以上，然后进行木地板施工。

3 暗藏灯带——暗藏窗帘盒天花节点

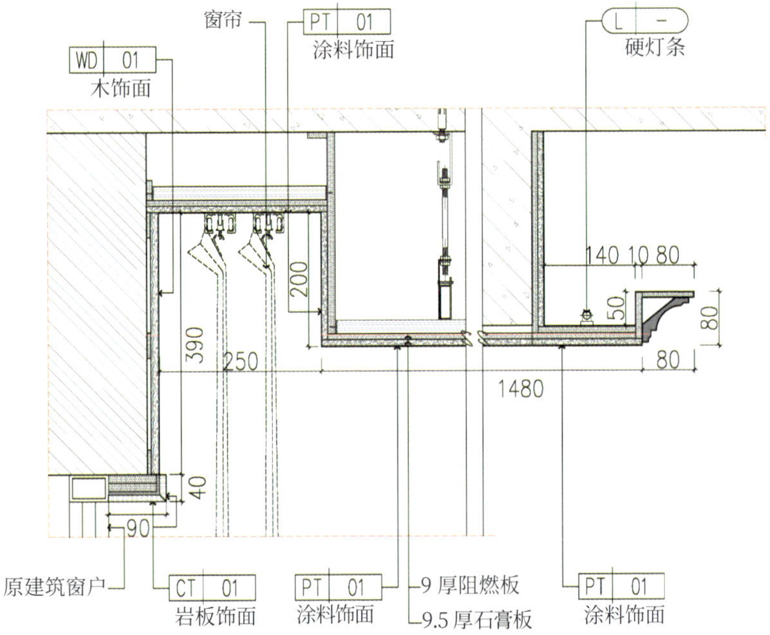

节点大样图

三维示意图

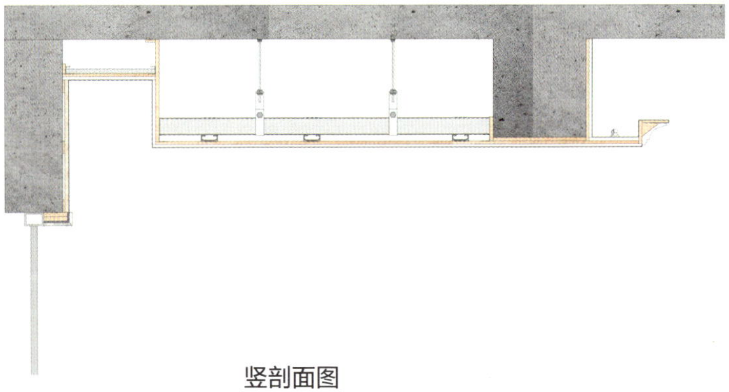

竖剖面图

说明 先做吊顶造型，定制石膏线条，再做墙面木饰面、窗边石材收口（窗帘盒顶部需要留夹板基层，固定窗帘）。

4 不同材质收口天花节点

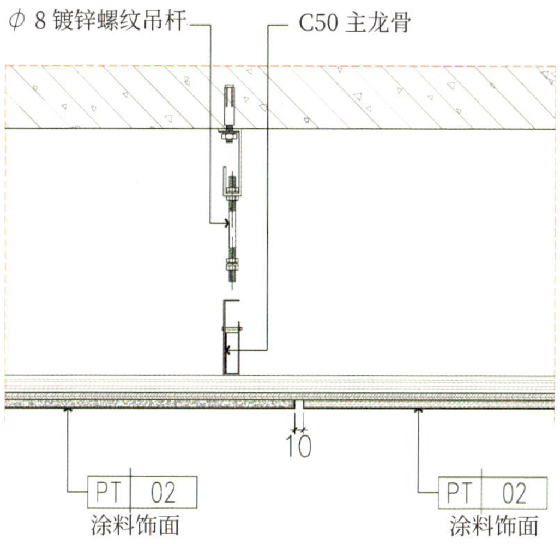

节点大样图

三维示意图

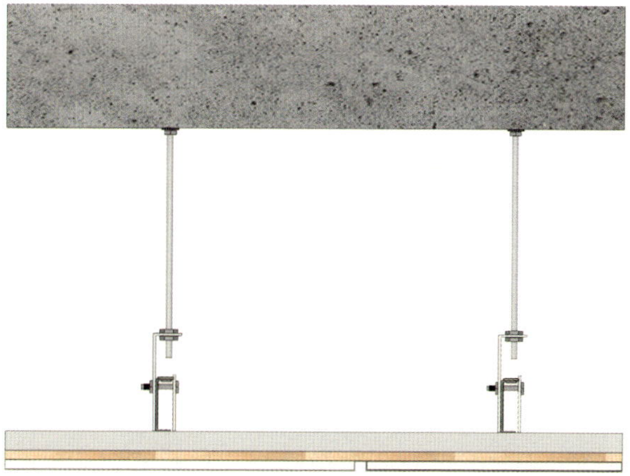

竖剖面图

说明 单层石膏板预留凹槽，预先在有凹槽的位置固定好阻燃板，石膏板上留出 1 cm 宽的缝隙即可，最后进行涂料施工。

5 木饰面暗藏灯带天花节点

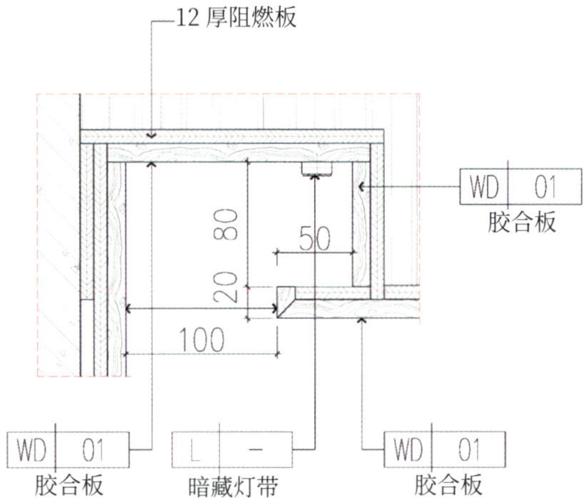

节点大样图

三维示意图

竖剖面图

说明 先做木饰面吊顶造型，如果吊顶深度够大，可以采用轻钢龙骨基层。然后进行墙面木饰面施工。

6 暗藏灯带天花节点（窗帘盒暗藏灯带）

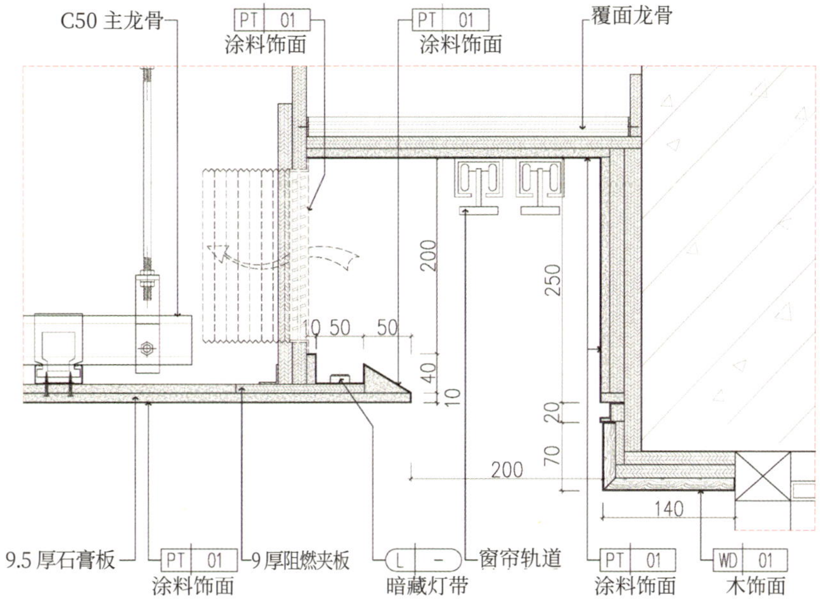

节点大样图

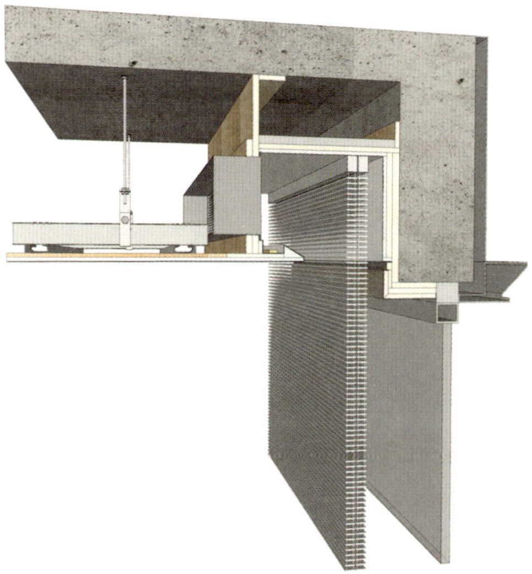

三维示意图

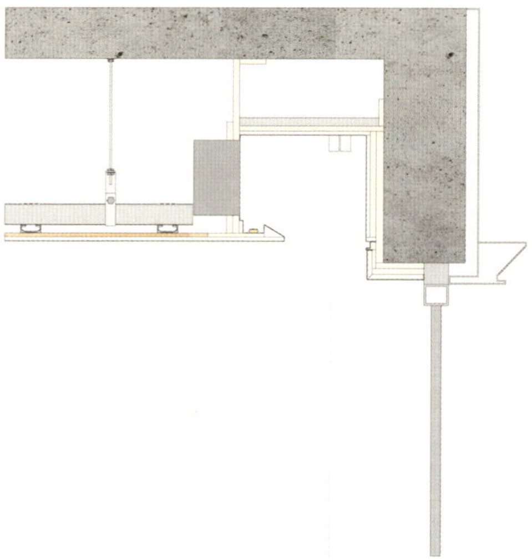

竖剖面图

说明 墙面涂料饰面与天花最低点齐平，定制收口条与木饰面收口（墙面窗户木饰面需要用硅酸钙板基层，防止窗户渗水）。

7 暗藏卷帘天花节点

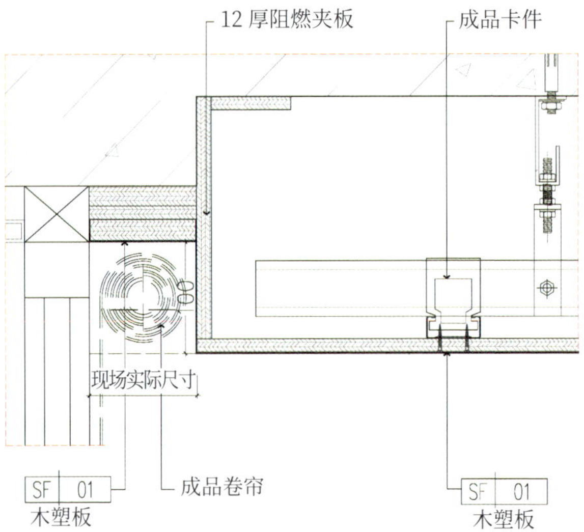

节点大样图

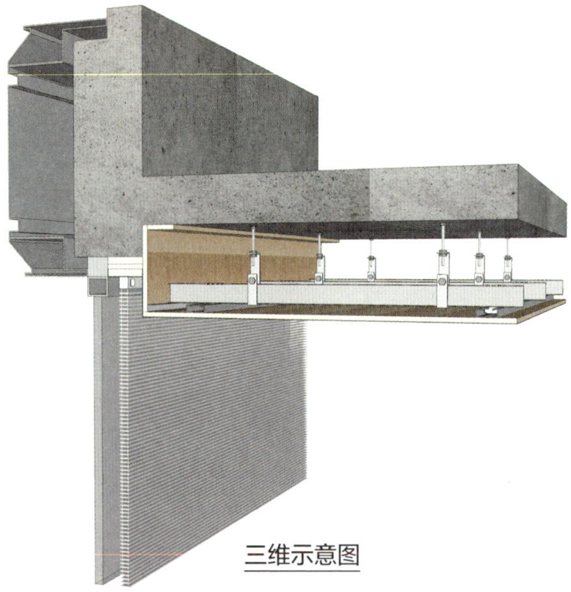

三维示意图

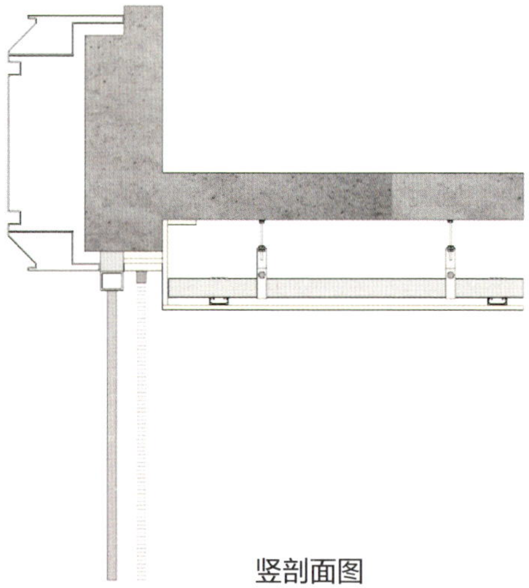

竖剖面图

8 暗藏灯带天花节点（暗藏灯槽）

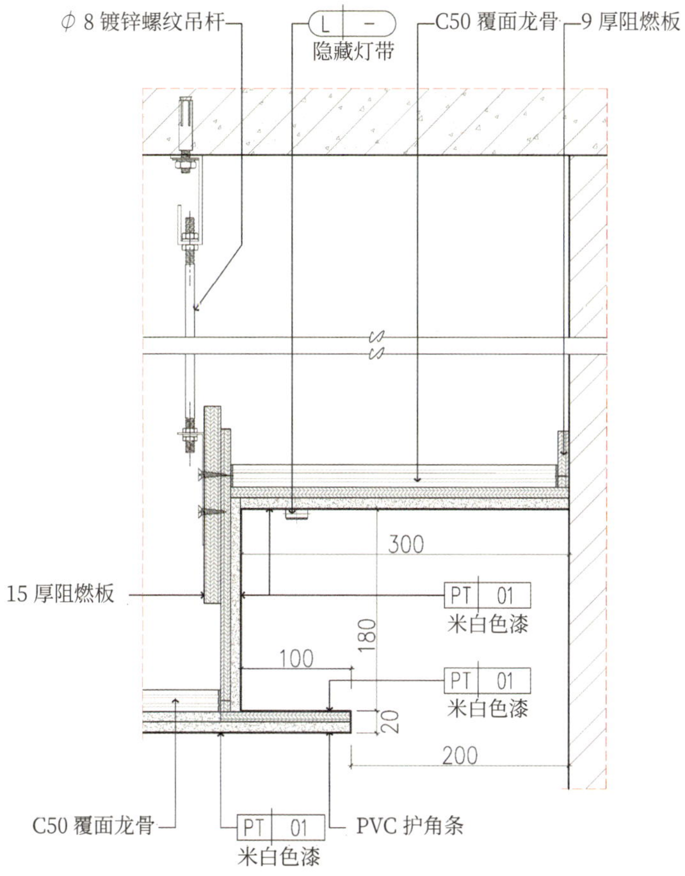

节点大样图

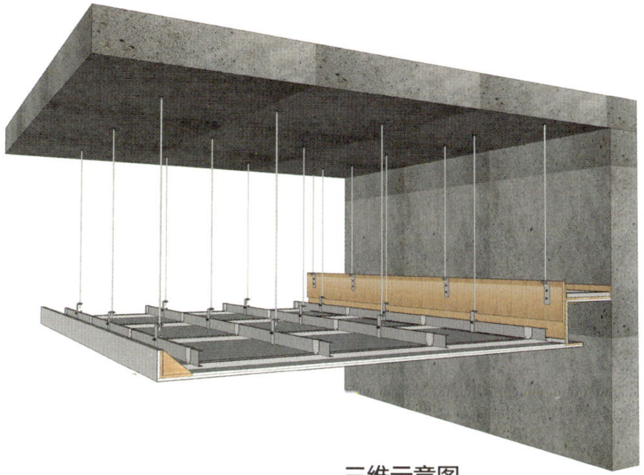

三维示意图

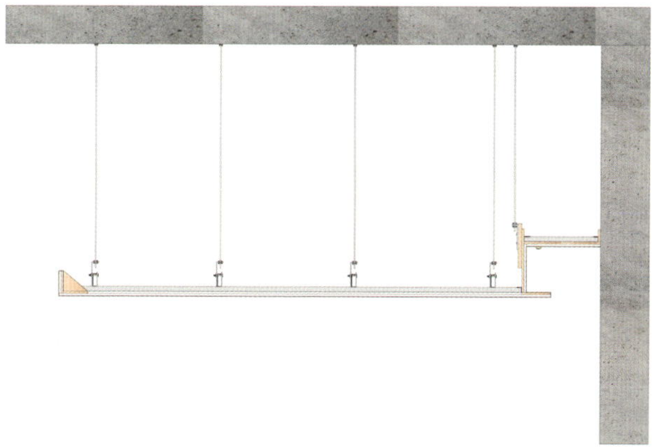

竖剖面图

说明	1. 当吊杆长度大于 1.5 m 时，要设置反向支撑。 2. 灯条应固定在灯槽上方，让灯光达到更好场景的效果。

9 灯槽、镜面天花节点

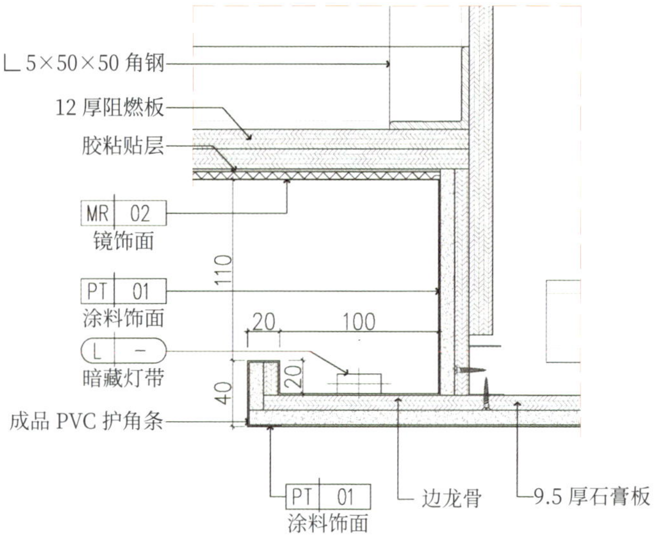

节点大样图

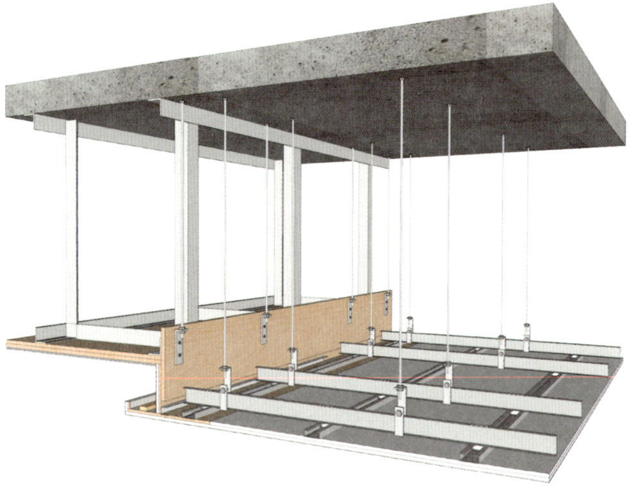

三维示意图

说明

1. 镜面顶部做角钢基层，以满足镜面的承重条件。
2. 灯槽的阳角上提前预埋 PVC 护角条，让阳角线条更加垂直。

10 磁吸轨道灯天花节点

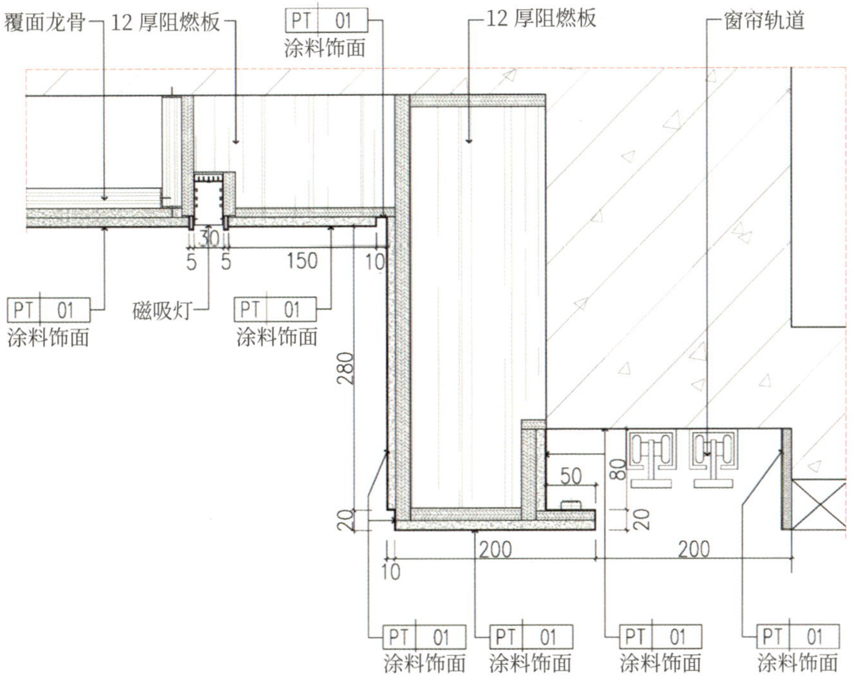

节点大样图

三维示意图

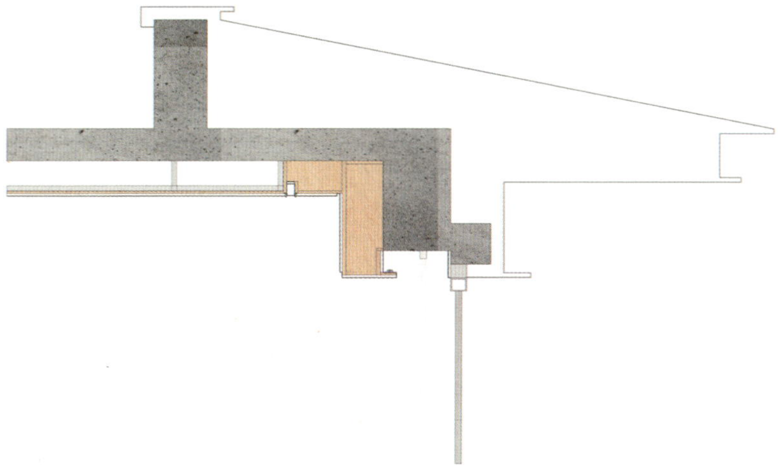

竖剖面图

说明 磁吸轨道灯施工，需要确认好轨道的尺寸，提前预埋好。常规客厅空间，采用 30 mm 左右的宽度即可。

11 瓷砖、铝板天花节点

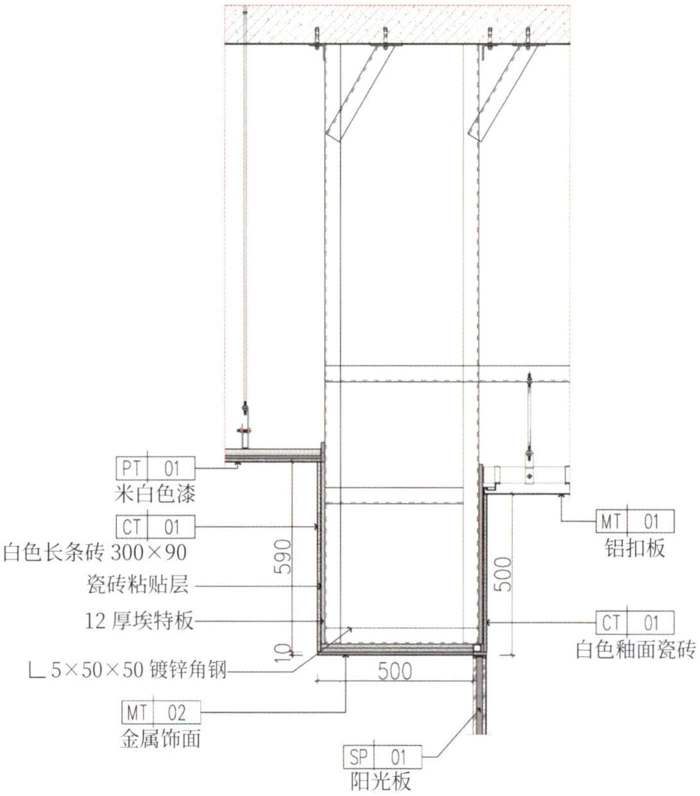

节点大样图

三维示意图

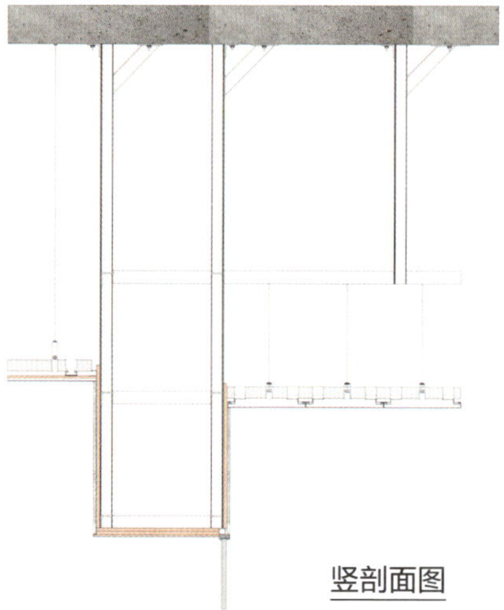

竖剖面图

说明 墙面上贴瓷砖时，内部用镀锌角钢基层，以提供足够的受力条件。在更高的墙面上贴瓷砖，则需要考虑内部增添点挂件。

12 不规则石膏线天花节点

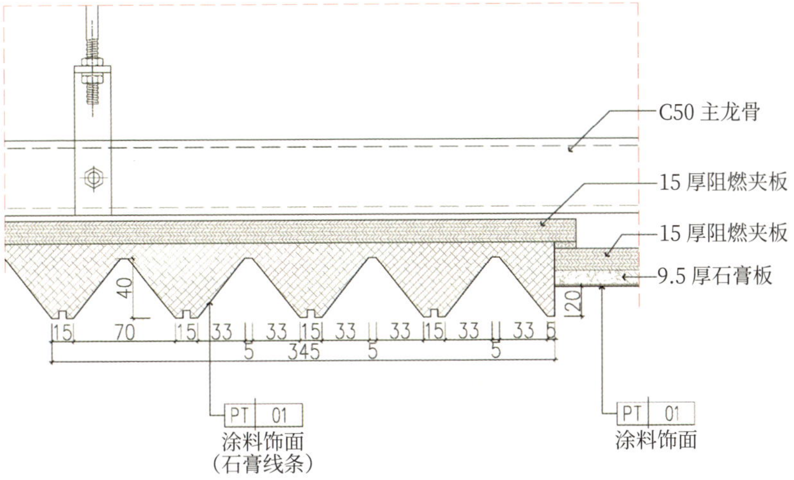

节点大样图

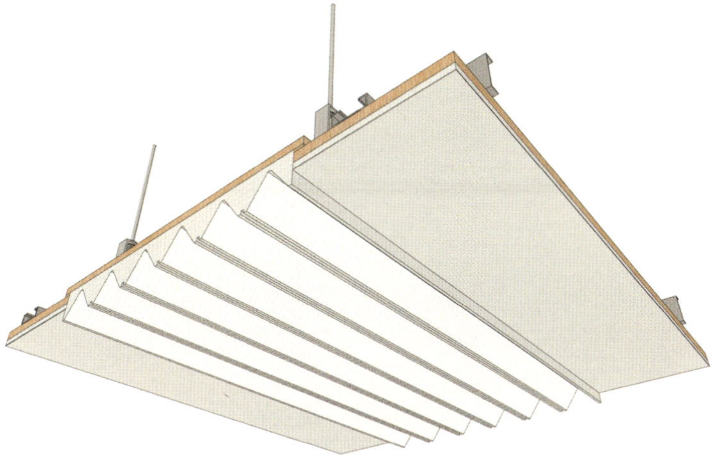

三维示意图

说明 将定制好的石膏线条在基层板预留石膏线的位置，通过专用石膏线粘粉固定在夹板上，等待 4 分钟后，可以松开手。

13 木饰面弧形天花节点

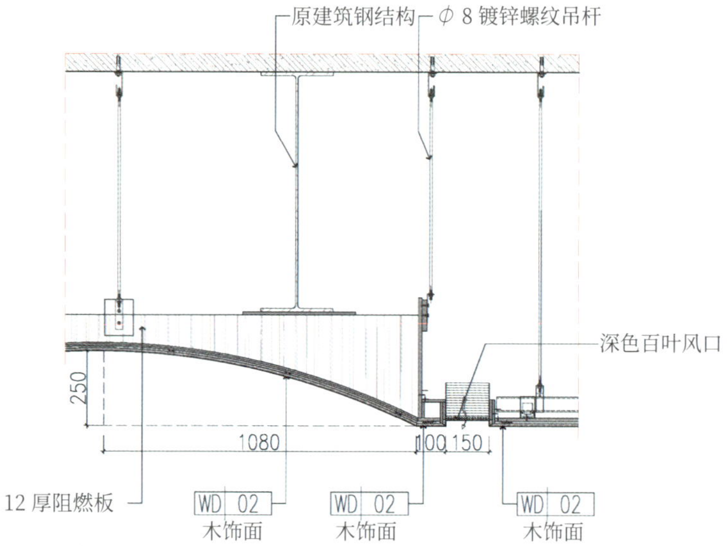

节点大样图

三维示意图（一）

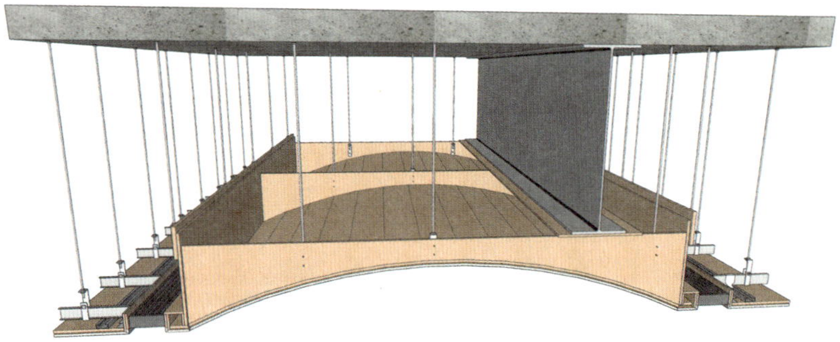

三维示意图（二）

说明 用吊筋固定竖向的阻燃板，做好基层，再封上可弯曲的阻燃板（需要选用薄的阻燃板进行切割），最后挂上木饰面。

14 弧形木条暗藏灯带天花节点

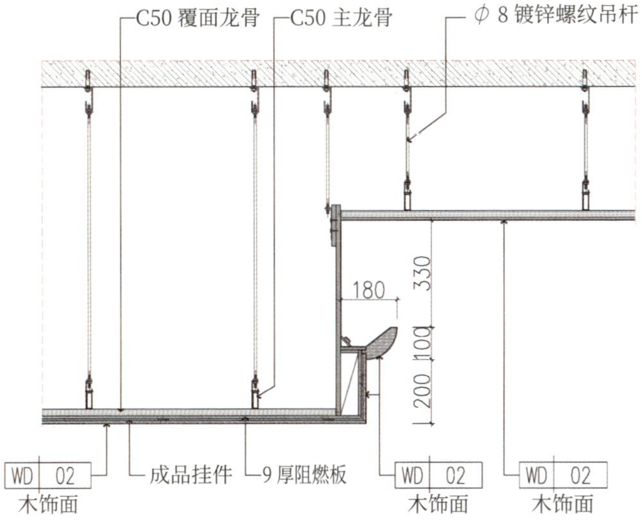

节点大样图

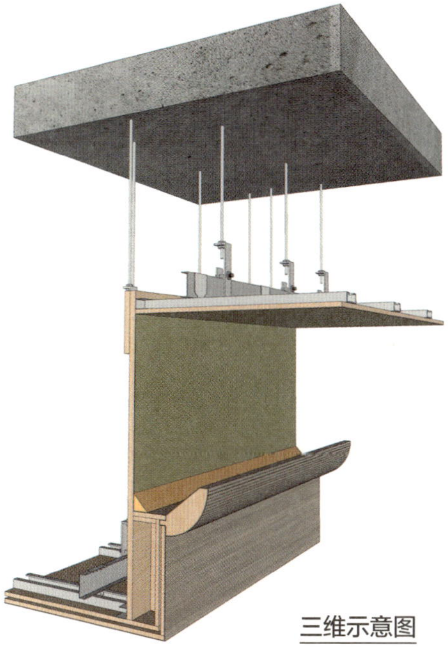

三维示意图

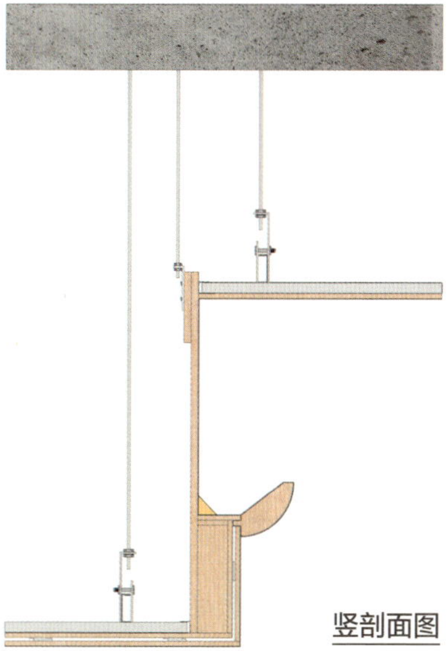

竖剖面图

说明

木条选用较轻的木质条（或定制木纹铝条），通过无痕钉和专用固定胶进行固定。

15 金属饰面、暗藏灯带天花节点

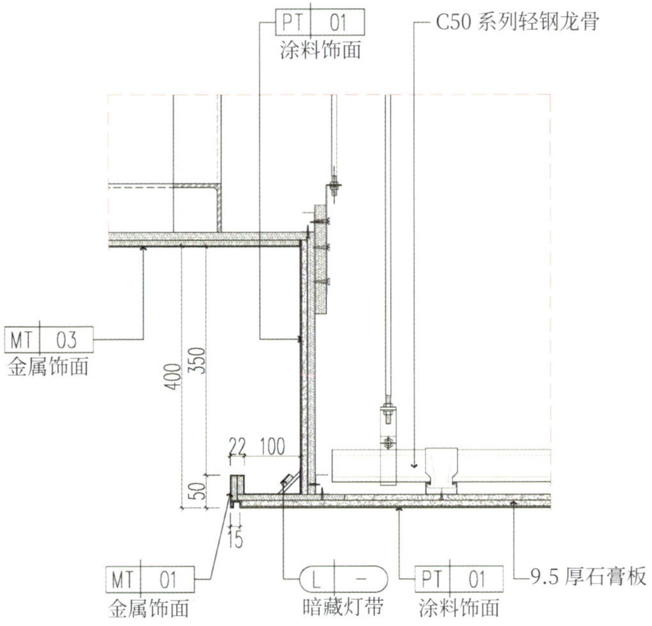

节点大样图

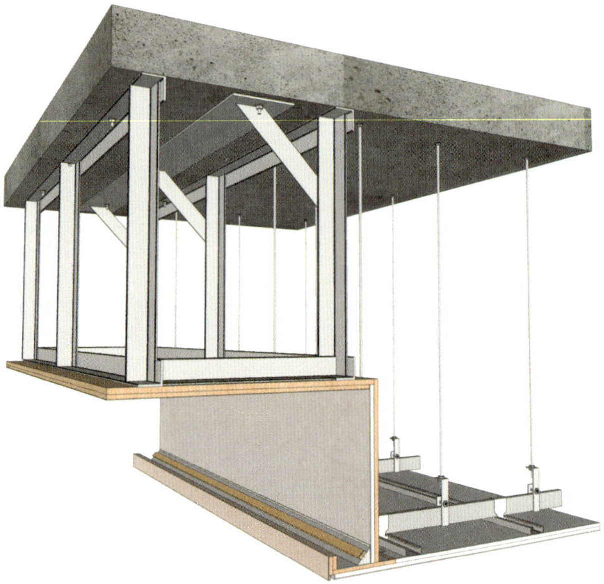

三维示意图

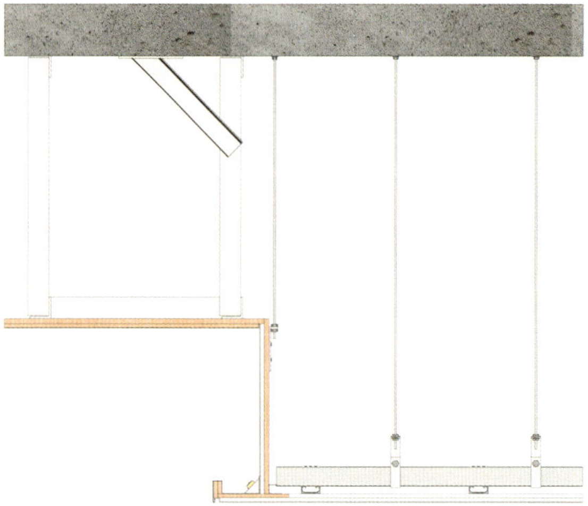

竖剖面图

说明 灯槽后面与吊筋固定的基层夹板，需要加厚阻燃板，一般采用 12 mm 或 15 mm 厚阻燃板。

16 定制石膏线天花节点

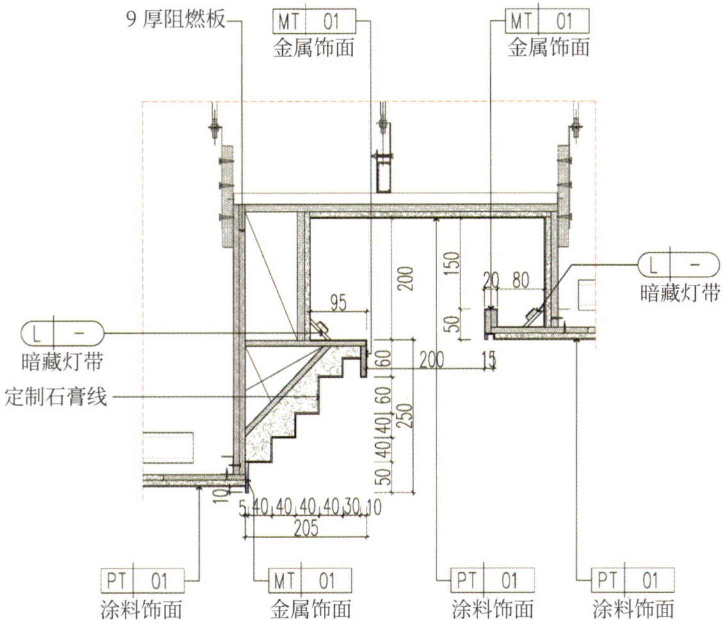

节点大样图

三维示意图

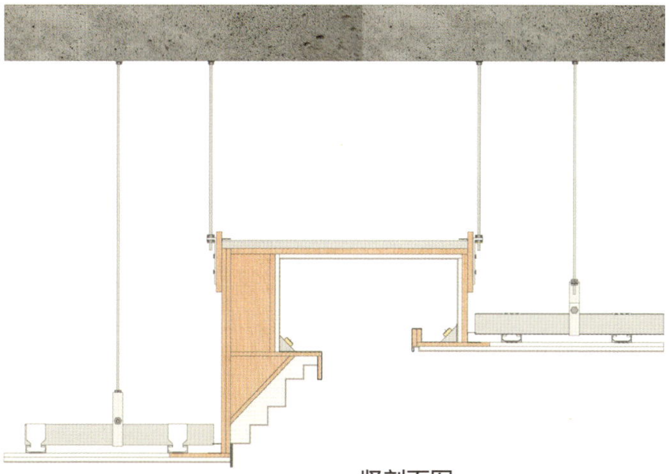

竖剖面图

说明 先安装固定好定制石膏线，再进行金属饰面的安装。

17 阴角收口天花节点

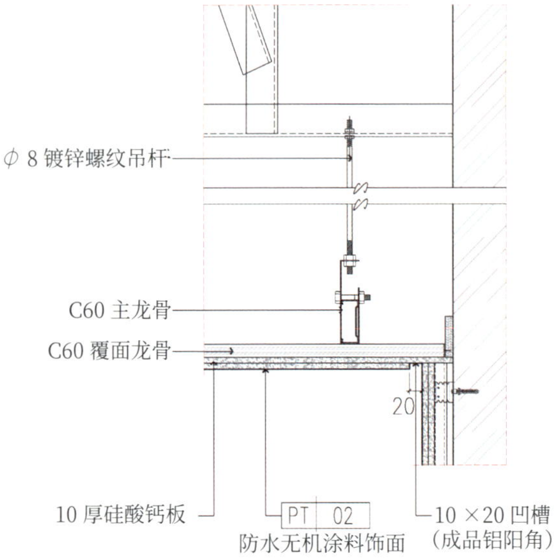

节点大样图

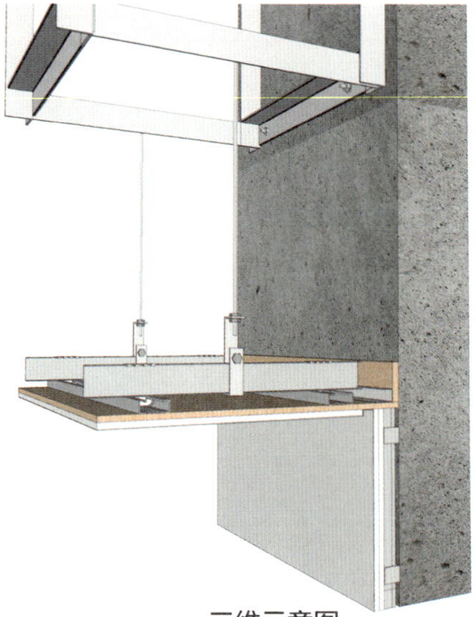

三维示意图

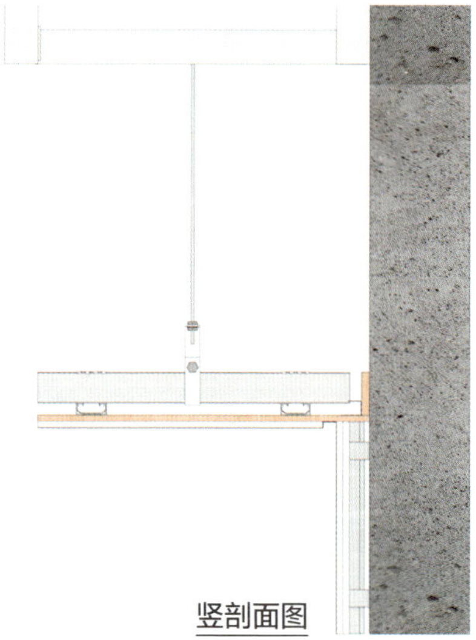

竖剖面图

说明 湿度大的空间最好选用硅酸钙板进行吊顶，会具有更好的防水性能。另外，涂料也要选用防水涂料。

18 暗藏灯条天花节点（成品型材灯具）

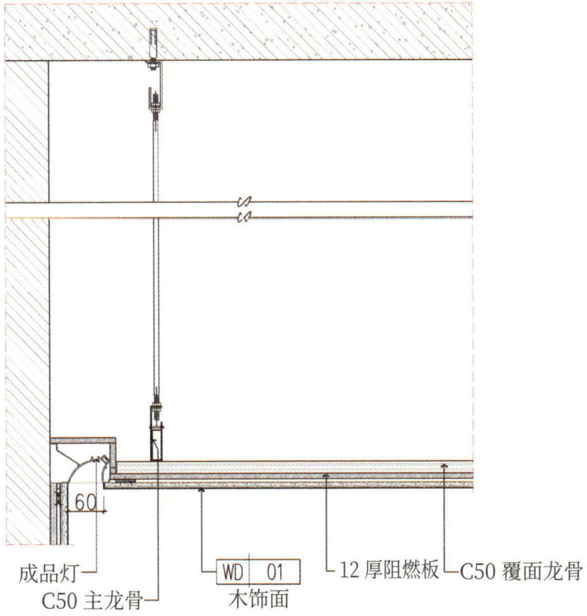

节点大样图

三维示意图

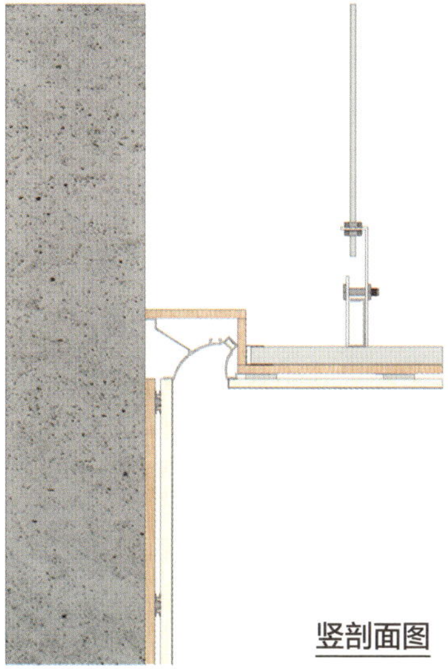

竖剖面图

说明	天花吊顶基层夹板做完后，先固定定制款暗藏灯条（需要提前购买），再进行木饰面固定安装。

19 弧形灯槽天花节点

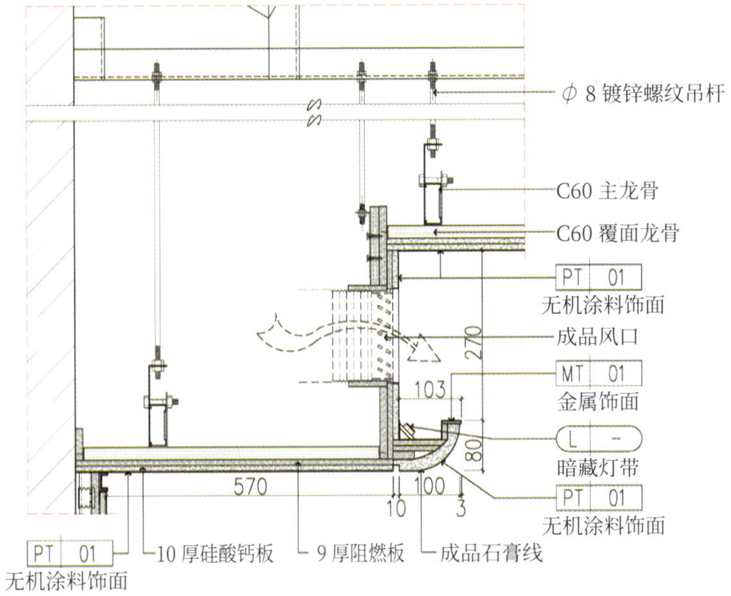

节点大样图

三维示意图

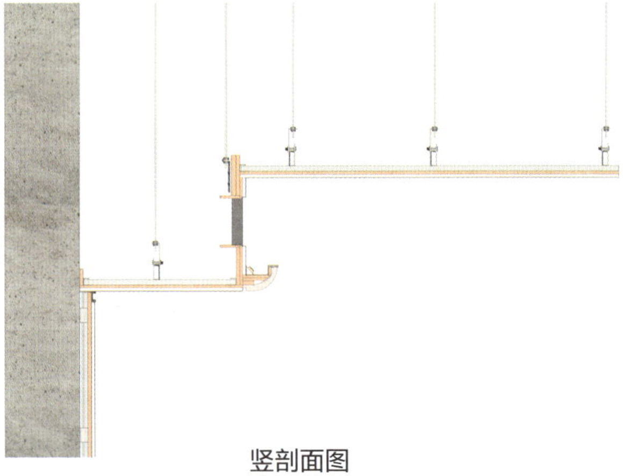

竖剖面图

说明 需要提前定制好弧形石膏条，在做完基层板造型后，将石膏条用专用石膏线粘粉固定在夹板造型上，等待 4 分钟后即可完成。

20（带风口）暗藏灯带天花节点

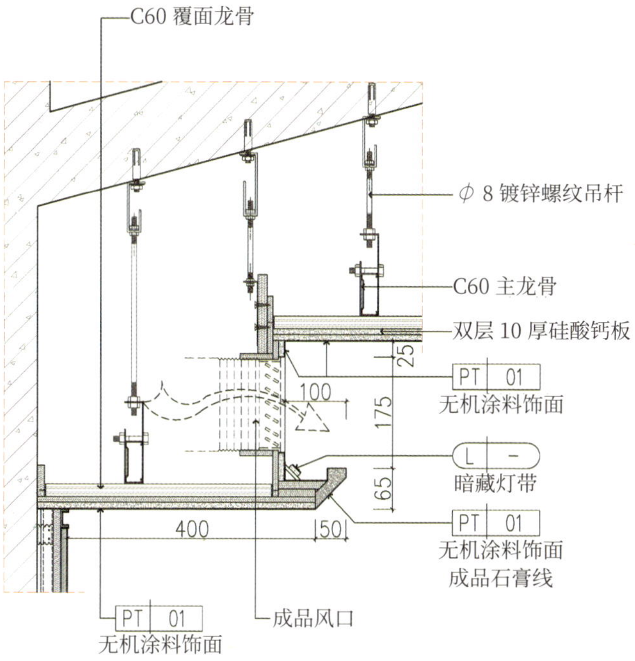

节点大样图

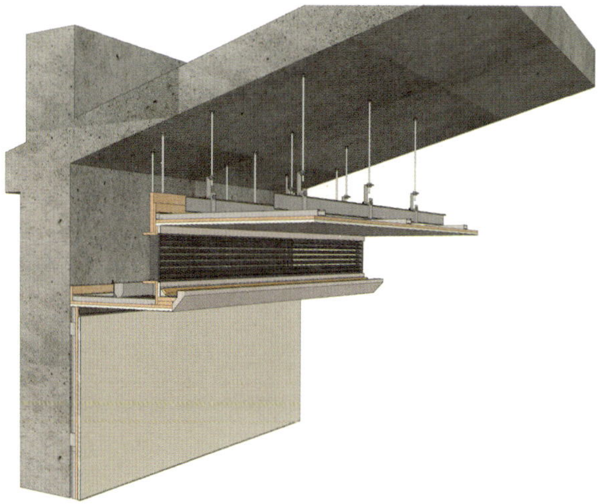

三维示意图

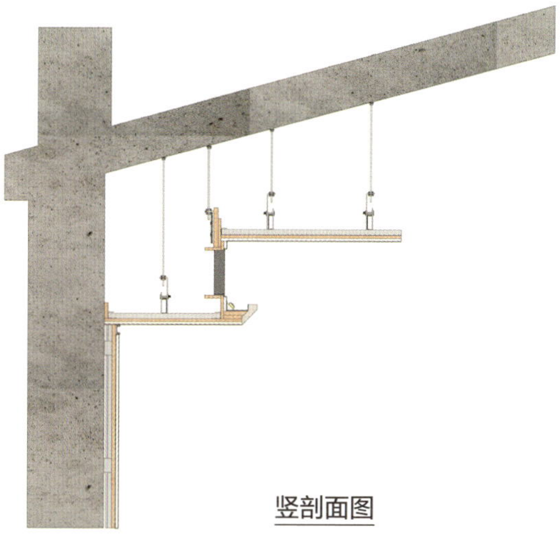

竖剖面图

说明 需要提前定制好斜边石膏线条，在基层板造型做完后，将石膏线条用专用石膏线粘粉固定在夹板造型上，等待 4 分钟后即可完成。

21 （感应门）暗藏灯带天花节点

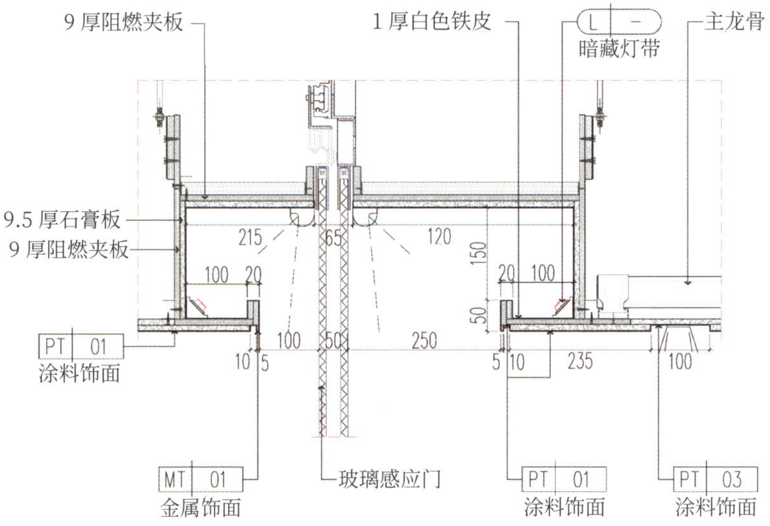

节点大样图

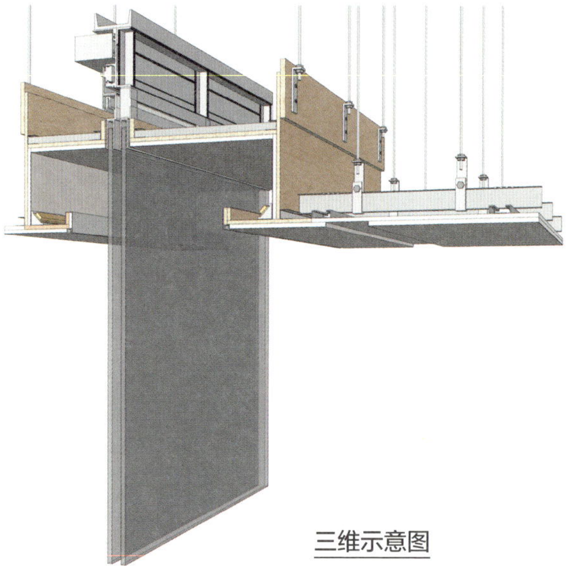

三维示意图

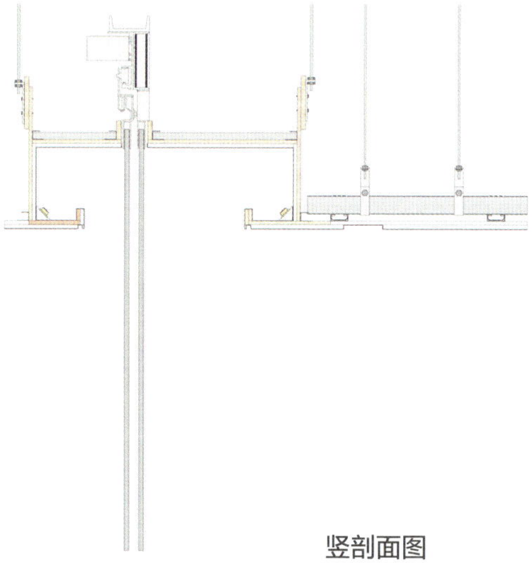

竖剖面图

说明 灯槽之间做感应门，在封石膏板时，需要预留好感应门安装需要的尺寸，并且装上感应门后，感应门玻璃与涂料饰面之间有 2 mm 宽的自然缝隙。

22 暗藏灯带天花节点（木饰面）

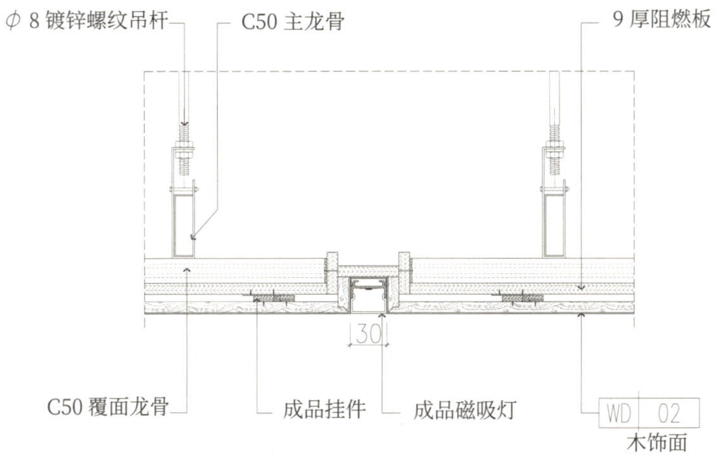

节点大样图

三维示意图

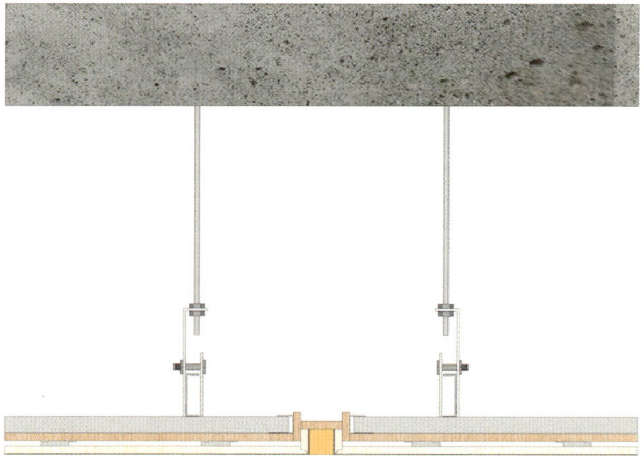

竖剖面图

说明 在吊顶施工的同时，需要备好磁吸灯轨道，轨道与夹板或龙骨通过螺丝固定，然后通过固定件挂上木饰面。

23 斜边跌级藏灯天花节点

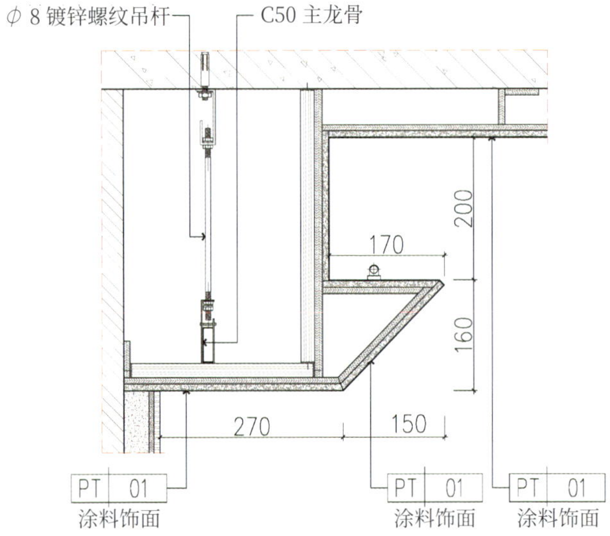

节点大样图

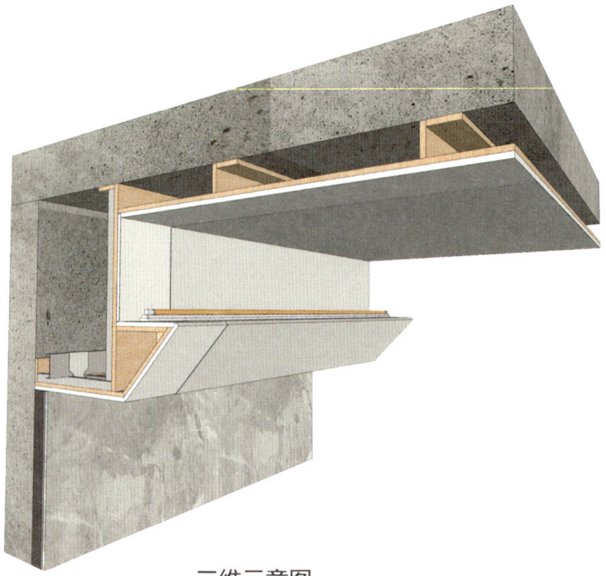

三维示意图

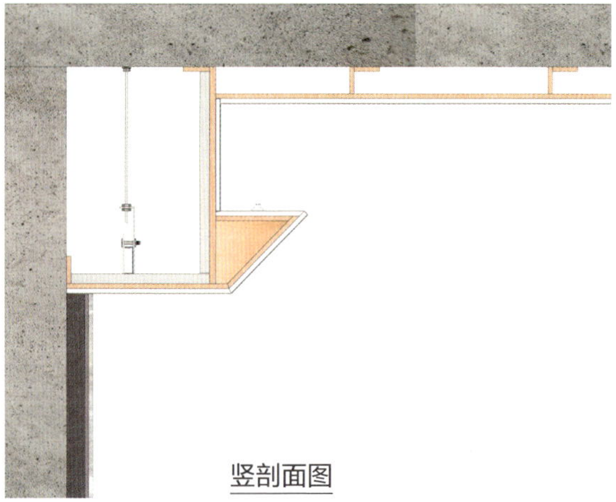

竖剖面图

说明 对于斜边天花灯槽，先用阻燃夹板做好基层，再封上石膏板，做防锈漆处理，最后刮腻子，刷涂料漆。

24 回风口天花节点

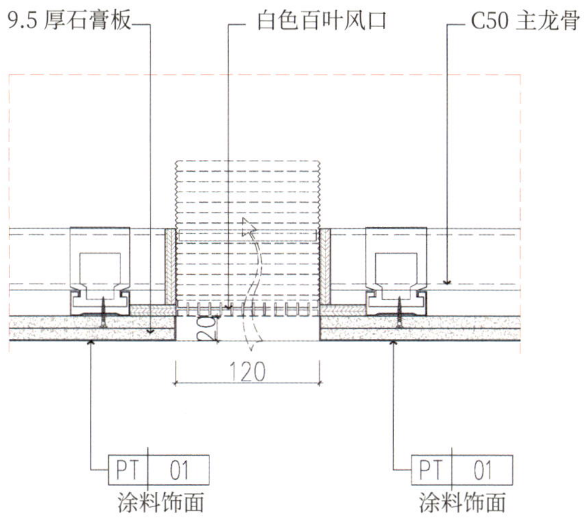

节点大样图

三维示意图

竖剖面图

说明 空调风口做内退式，内退距离为 10~20 mm，让风口显得更加美观。

25 暗藏灯带天花节点

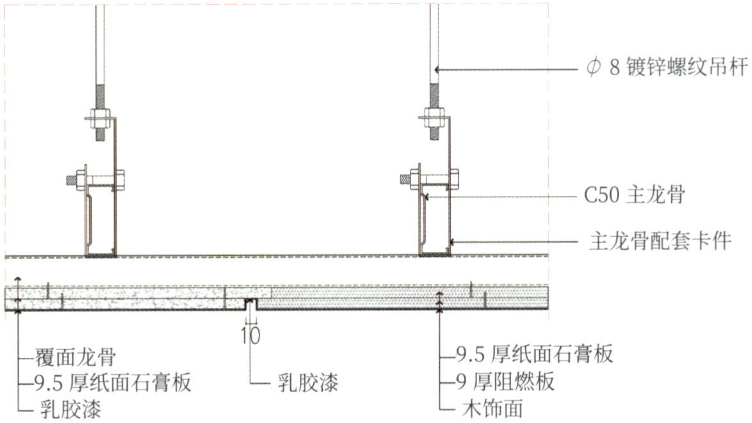

节点大样图

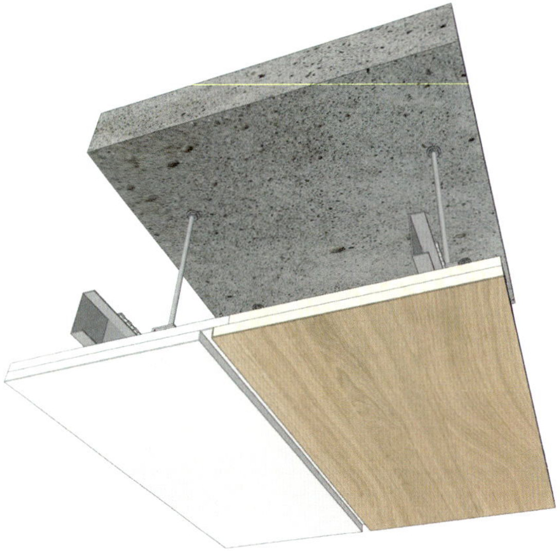

三维示意图

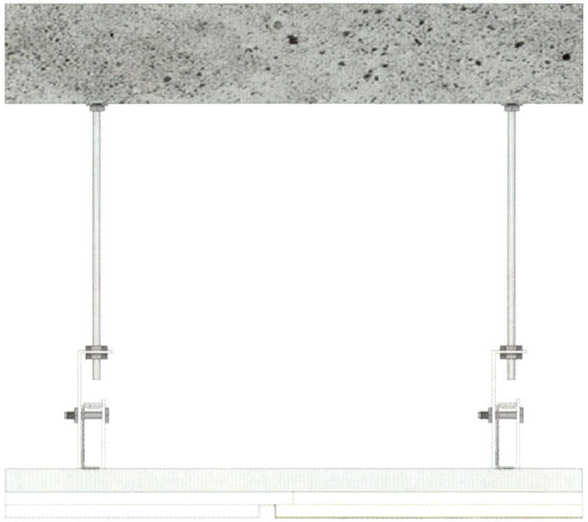

竖剖面图

说明 木饰面与乳胶漆各用 5 mm 宽凹槽做细节收口，木饰面与乳胶漆面齐平。

26 不同材质收口天花节点（天花跌级）

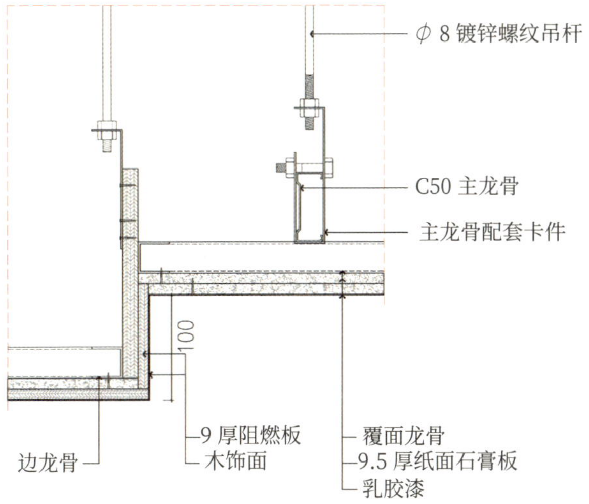

节点大样图

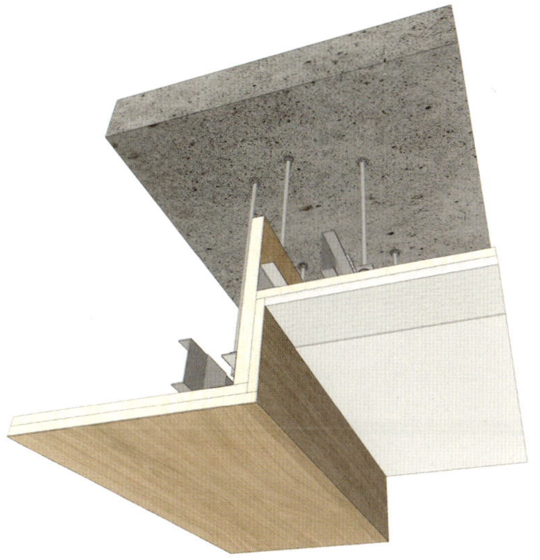

三维示意图

竖剖面图

说明　木饰面与乳胶漆跌级收口，应先做好顶上乳胶漆，最后安装木饰面造型，这样能减少对木饰面的二次破坏。

27 不同材质收口天花节点（收口条安装）

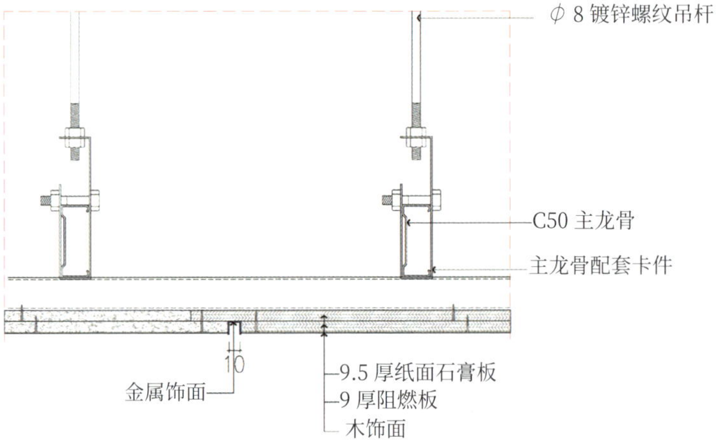

节点大样图

三维示意图

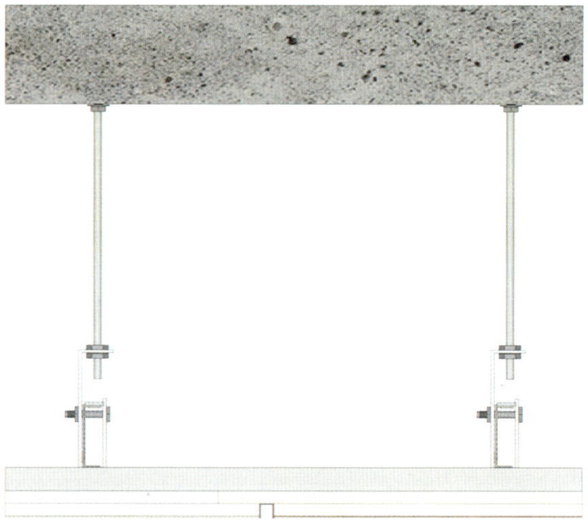

竖剖面图

说明	木饰面与乳胶漆用 5 mm 宽凹槽细节收口，凹槽内卡金属收口条，金属条凸出木饰面 1 mm。

28 亚克力灯箱天花节点

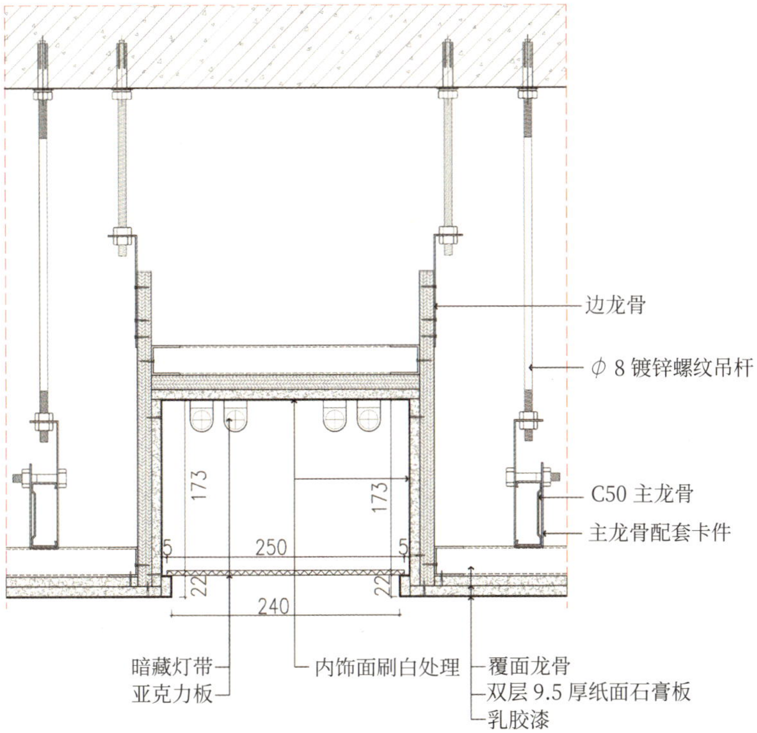

节点大样图

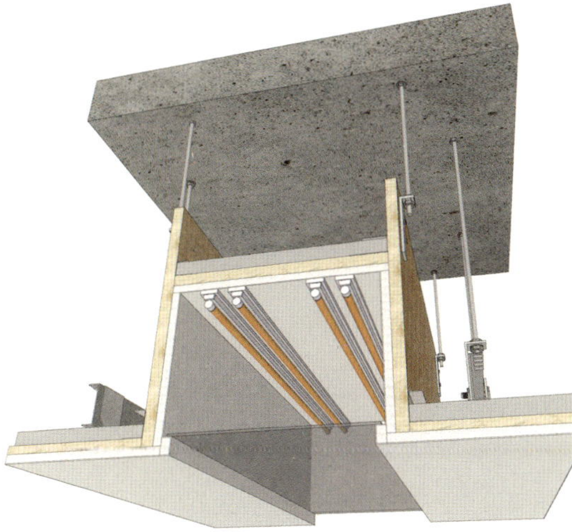

三维示意图

竖剖面图

说明 亚克力灯箱细节收口，选用 3 mm 厚亚克力片，固定在灯箱内部预留好的卡槽上。灯箱内灯带尽量选用 COB 灯带，此灯带发光均匀，呈线形，没有光斑。

29 透光膜灯箱天花节点

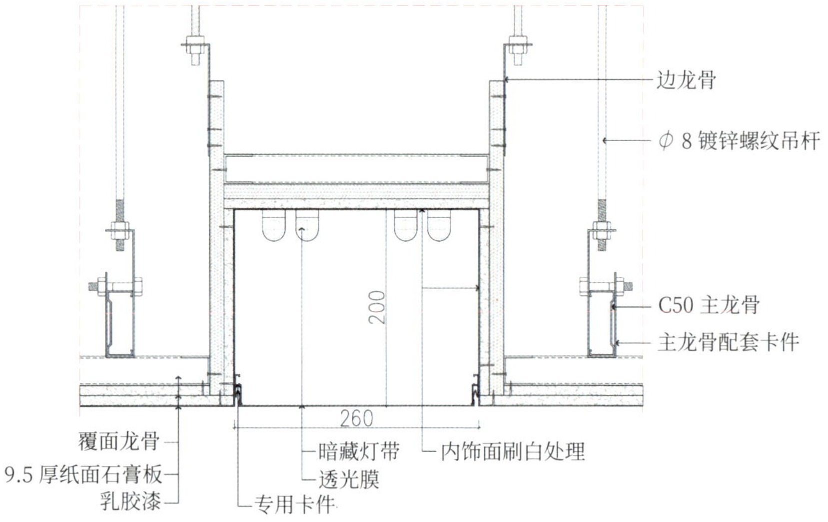

节点大样图

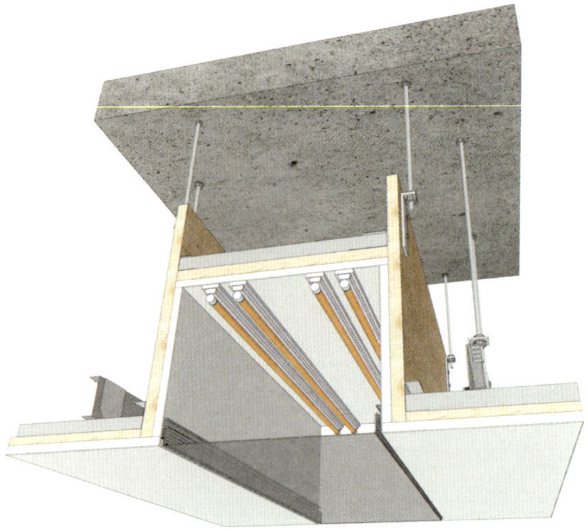

三维示意图

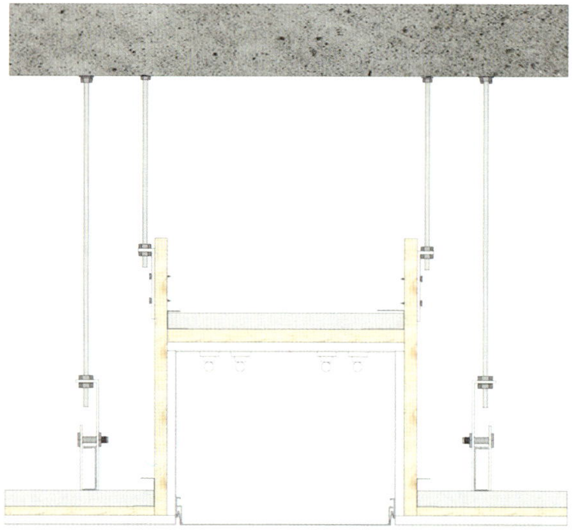

竖剖面图

说明 透光软膜灯箱细节收口，用固定件固定透光软膜，灯箱内灯带尽量选用 COB 灯带，此灯带发光均匀，呈线形，没有光斑。

2

第二章

地坪节点

1 石材地面节点（电梯入口）

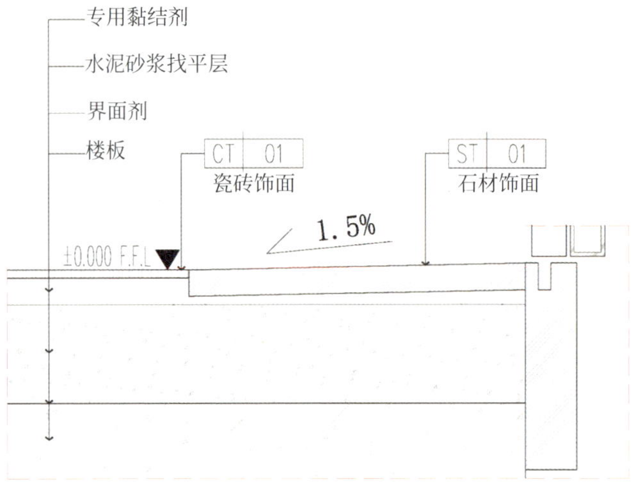

节点大样图

三维示意图

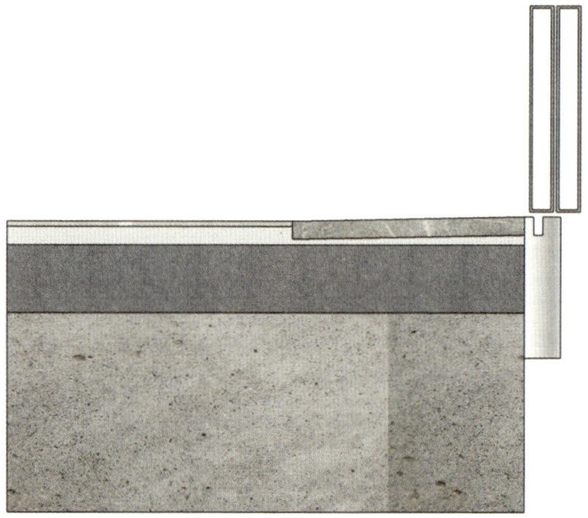

竖剖面图

说明 电梯的门槛应高于地面，门槛与地面间需要有一个合理的坡度，防止水倒灌入电梯井内，影响电梯的运行。

2 卫生间、淋浴间地面节点

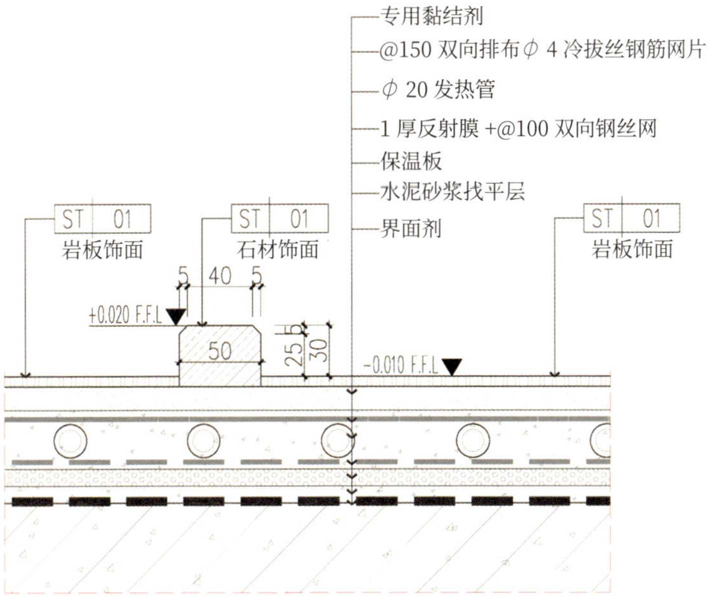

节点大样图

三维示意图

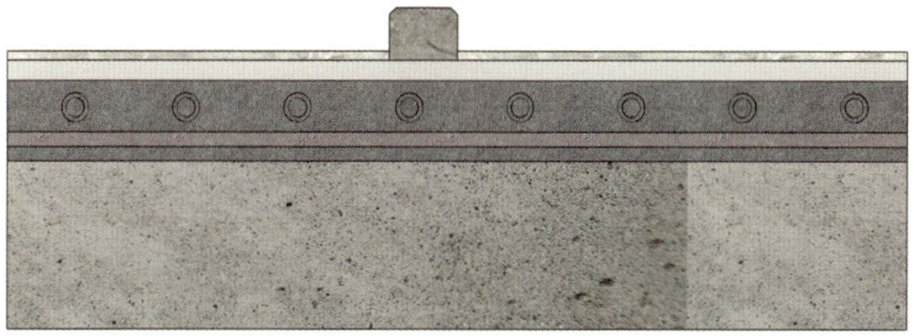

竖剖面图

说明 单层石膏板预留凹槽，卫生间需要铺地暖。特别提示：要注意防水，一般情况下，专业公司在铺卫生间的地暖时，会做两次卫生间的防水，第一次是在铺设地暖管之前，第二次是在全部安装完成后。

3 主卧、阳台地面节点

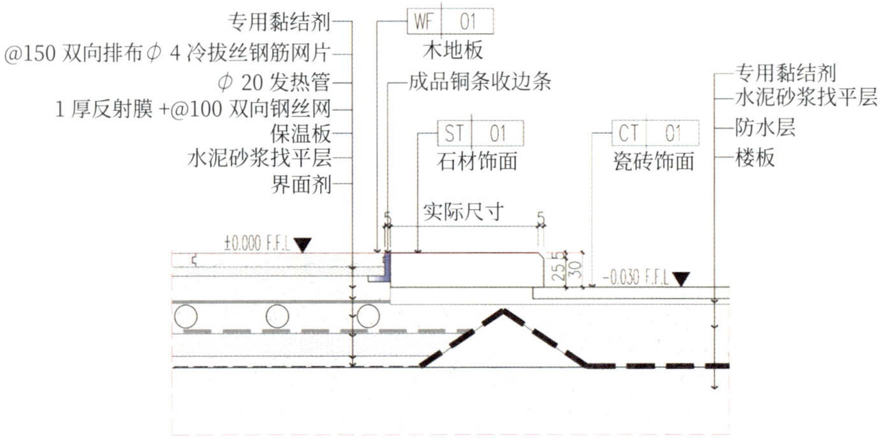

节点大样图

三维示意图

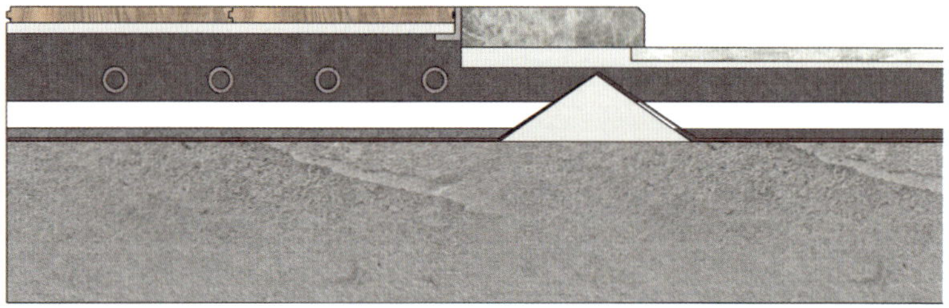

竖剖面图

说明 木地板地面安装地暖流程：清理地面→安装集分水器→安装主管→安装温控线→铺设保温层、反射膜、钢丝网、地暖盘管→进行打压试验→回填找平地面→刷防潮层→做找平层→刷黏结剂→粘贴木地板。

4 暗藏地漏节点（靠墙面）

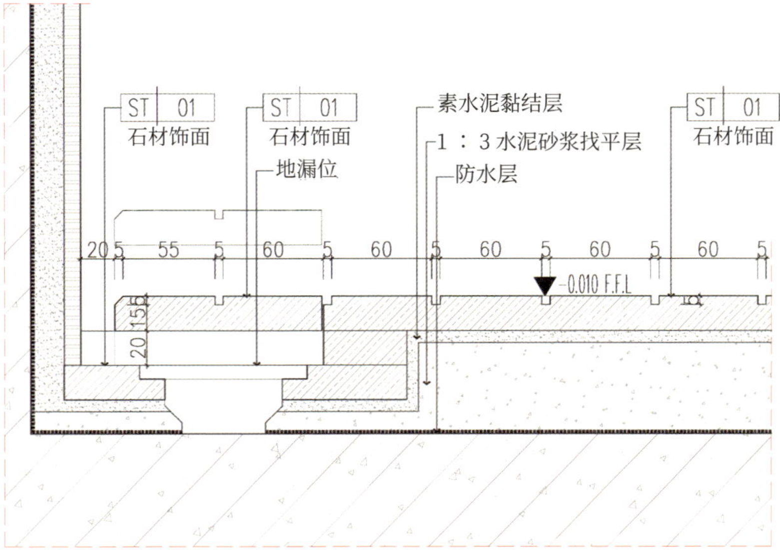

节点大样图

三维示意图

竖剖面图

说明 水电定位时，下水口尽量保持在居中位置，在瓦工贴砖前就要准备好。

5 暗藏地漏节点（靠玻璃隔断）

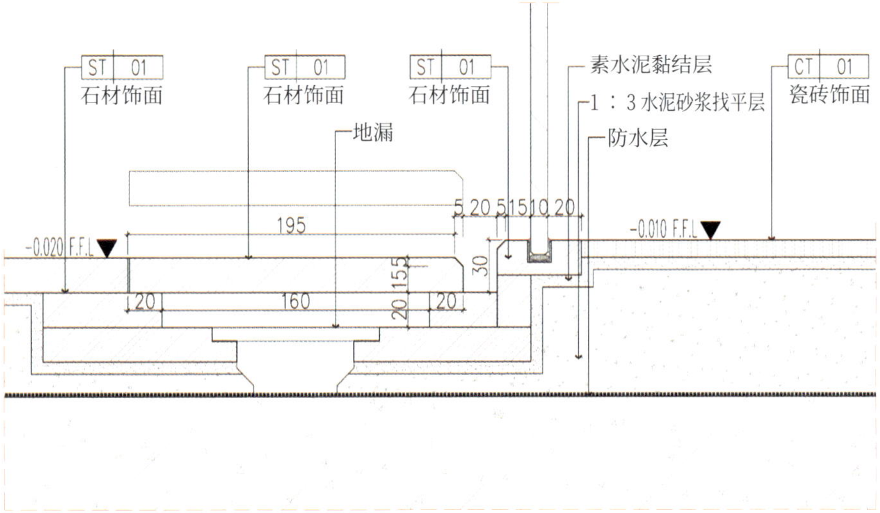

节点大样图

三维示意图

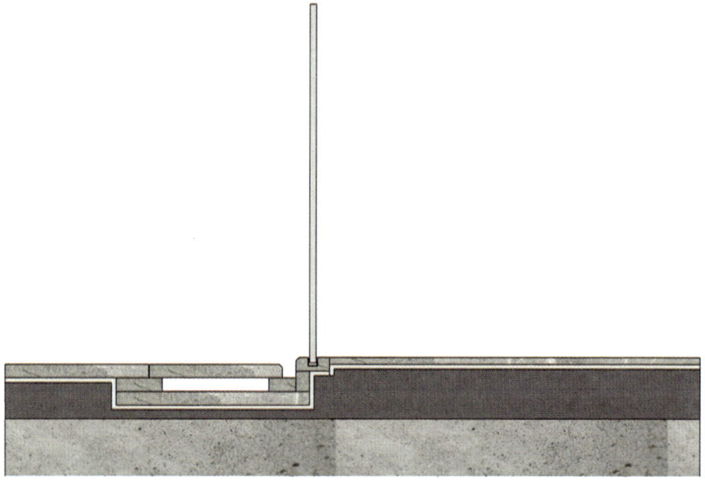

竖剖面图

说明 卫生间安装无边框玻璃隔断，需要提前在施工阶段预留好型材（墙、顶、地面等）。

6 卫生间地面节点（靠窗户）

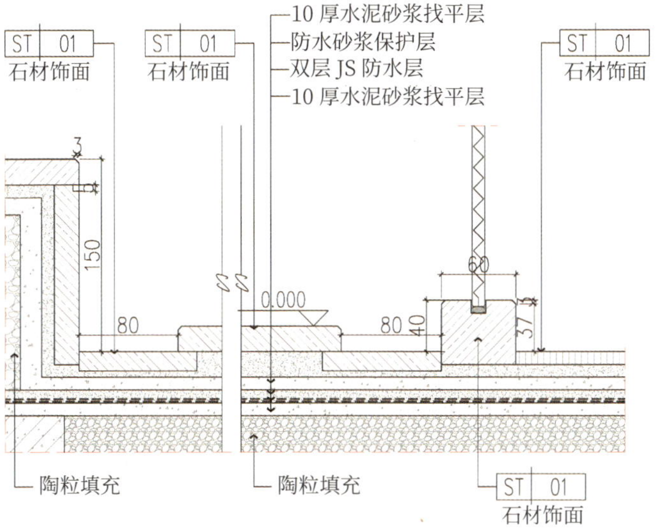

节点大样图

三维示意图

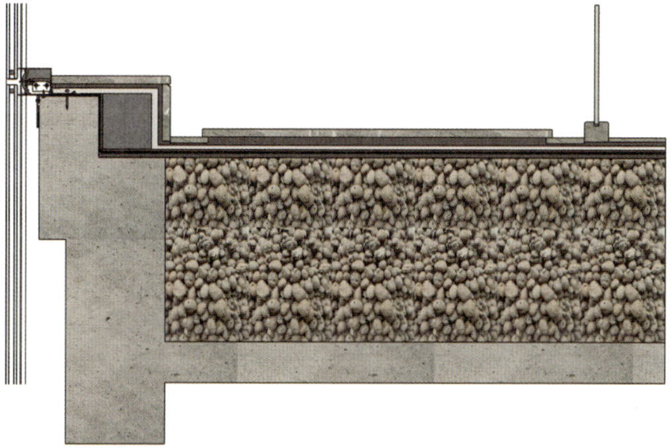

竖剖面图

说明 陶粒材质较轻，吸水性也好，还具备防潮、隔声的效果，属于主流的回填材料，许多施工质量过硬的装修队都会采用这种陶粒回填方式。

7 岩板、木地板地面节点

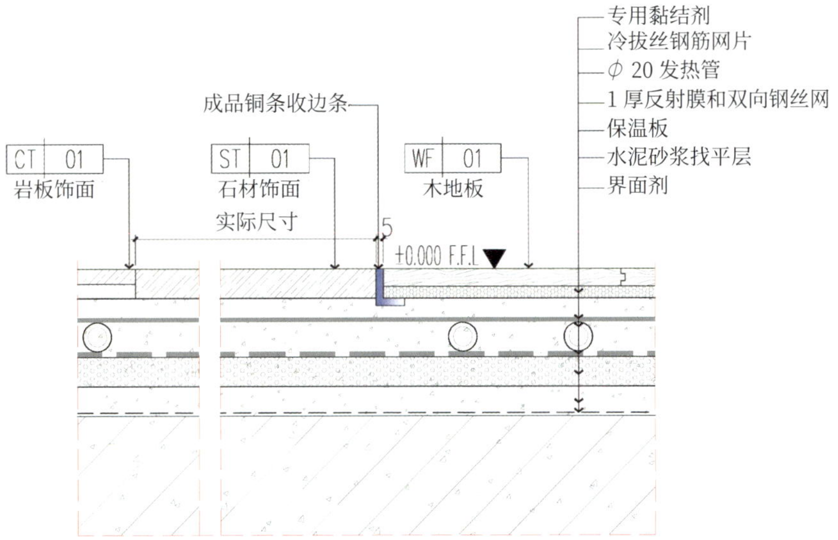

节点大样图

三维示意图

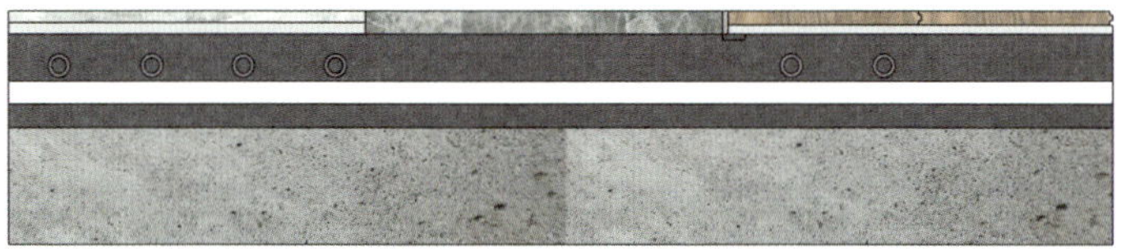

竖剖面图

8 地面扶手节点

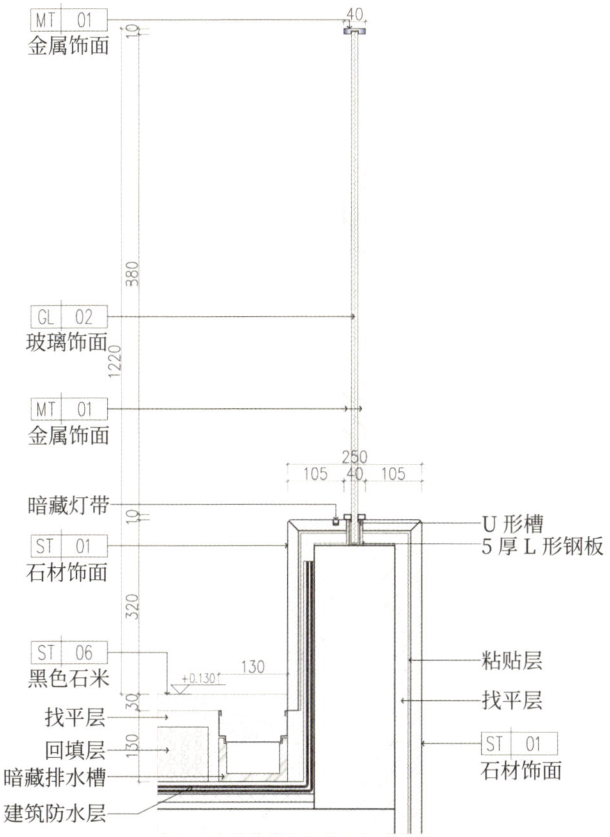

节点大样图

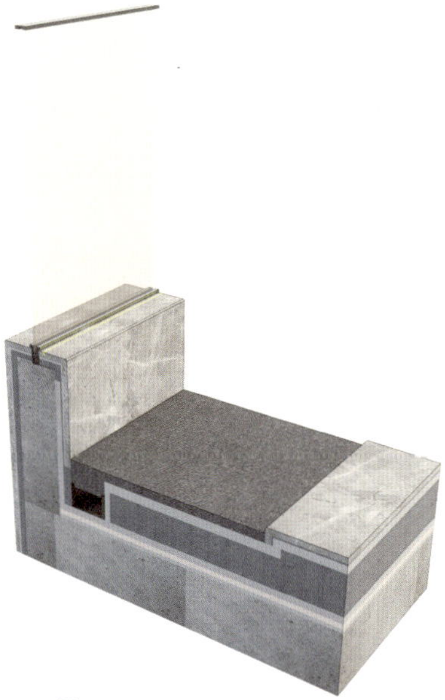

三维示意图

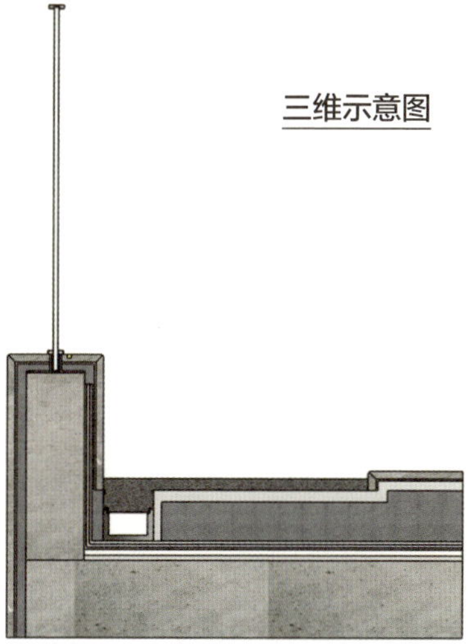

竖剖面图

说明　别墅庭院内，低栏的高度是 0.2 ~0.3 m，中栏的高度是 0.8 ~0.9 m，高栏的高度是 1.1 ~1.3 m，在真正安装时，需要根据实际情况确定具体高度。

9 踏步暗藏灯

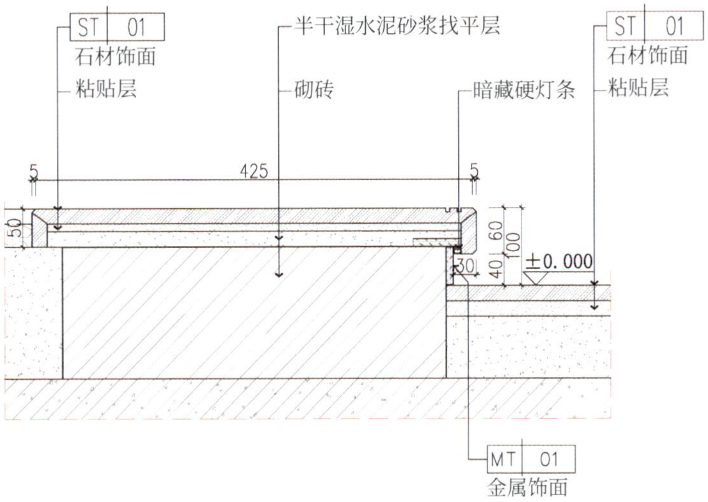

节点大样图

三维示意图

竖剖面图

说明 石材踏步面需要预留 5 mm × 5 mm 的防滑槽，室外踢脚线处的工艺，需要用硅酸钙板做基层，并使用防水灯带。

10 地毯、瓷砖地面节点

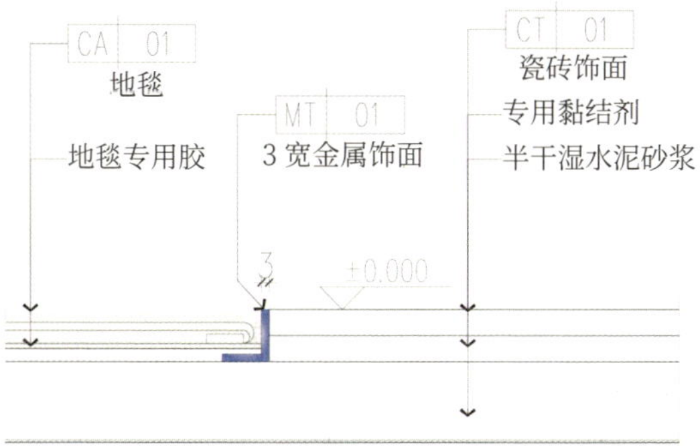

节点大样图

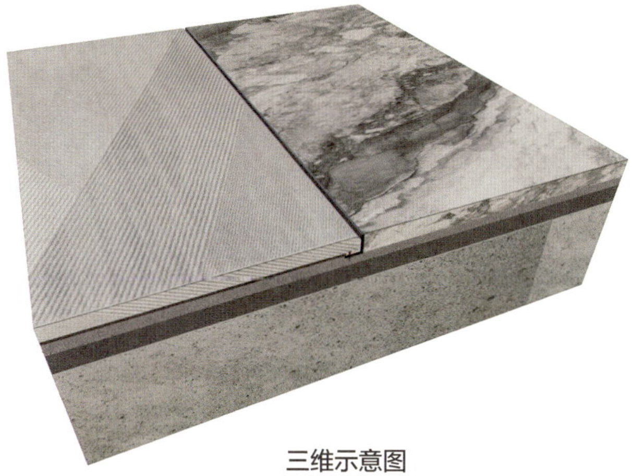

三维示意图

竖剖面图

说明 地毯和石材收口处，需要用成品收边条收口。

11 木地板、瓷砖地面节点（卫生间）

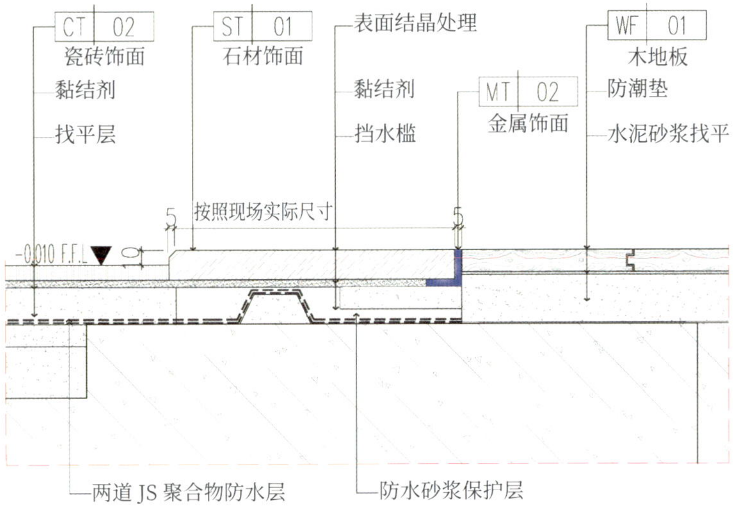

节点大样图

三维示意图

竖剖面图

12 木地板、石材地面节点

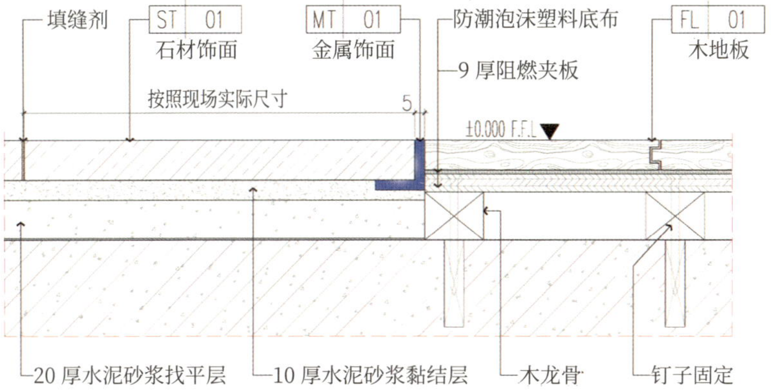

节点大样图

三维示意图

竖剖面图

说明 基层处理流程：弹线固定地龙骨、龙骨钉的位置→用钉龙骨钉固定地龙骨（找平、刨平）→铺防潮棉→铺贴实木地板面层→刨光、打磨、刷油漆、打蜡。

13 暗藏地漏地面节点

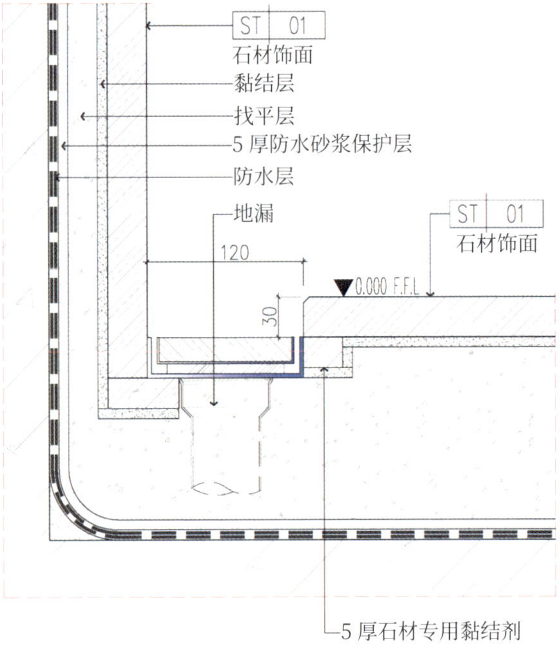

节点大样图

三维示意图

竖剖面图

说明 要封严地漏边缝，地漏安装固定完成后，必须将地漏四面的缝隙用玻璃胶封严，才能保证下水管道的臭气不通过缝隙散发出来。

14 草坪、石材地面节点

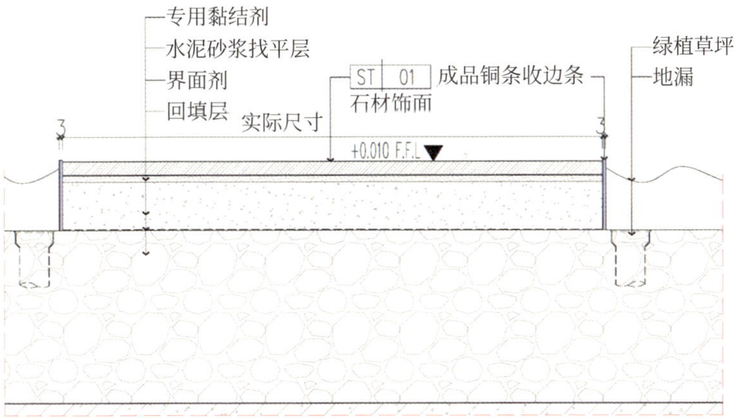

节点大样图

三维示意图

竖剖面图

说明 草坪与石材的边界处，用不锈钢条收边，让整体效果更加美观。

15 木地板、瓷砖地面节点（卫生间）

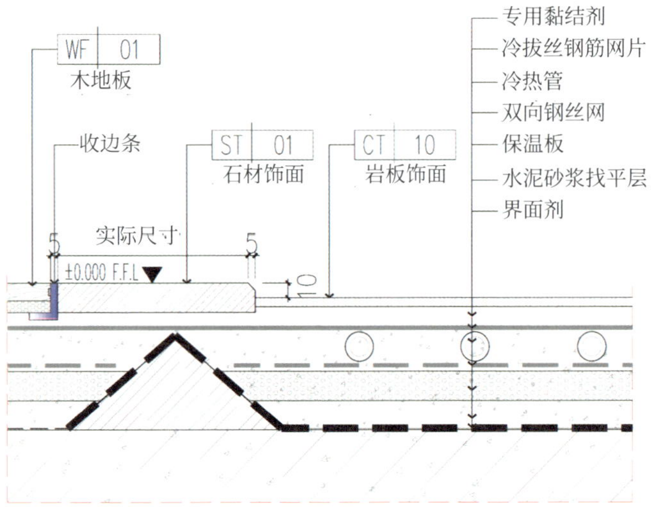

节点大样图

三维示意图

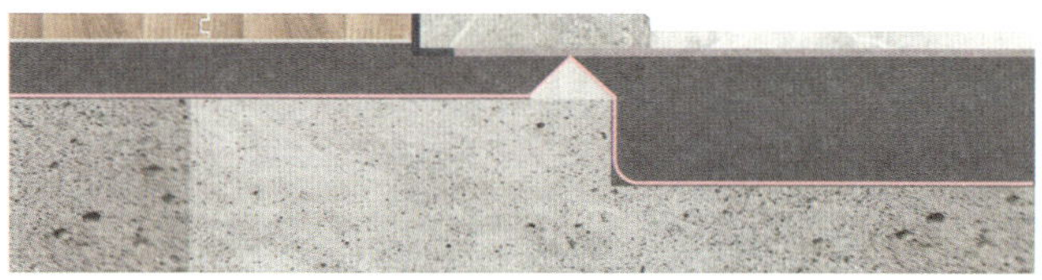

竖剖面图

施工流程 清理地面，做水泥砂浆找平层，刷防潮层，刷黏结剂，粘贴木地板。

16 楼梯踏步地面节点

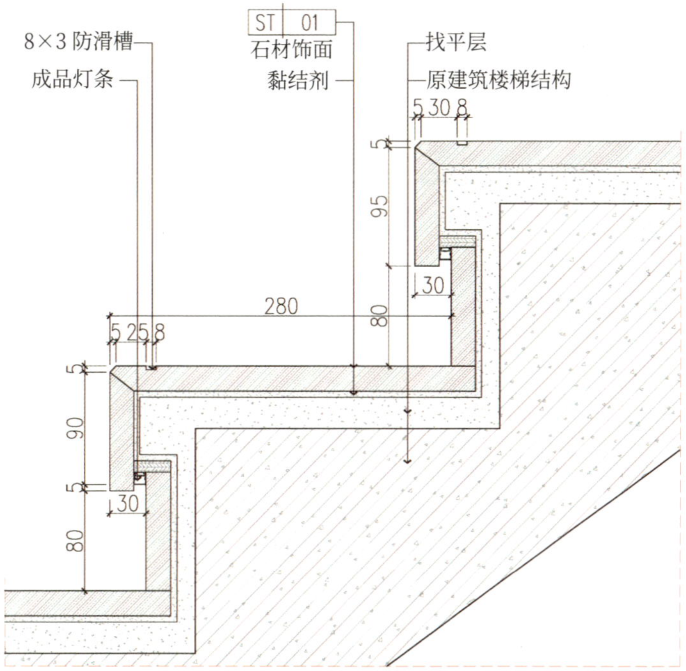

节点大样图

三维示意图

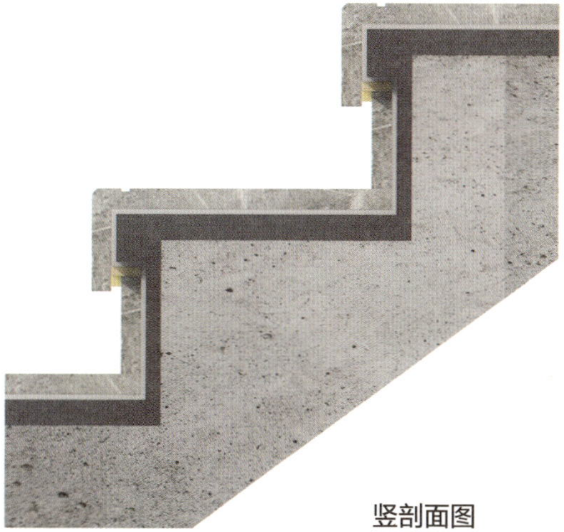

竖剖面图

说明 先水泥砂浆找平，再使用专用石材黏结剂铺贴石材（石材踏步面需要留 5 mm × 5 mm 的防滑槽）。

17 瓷砖、涂料地面节点

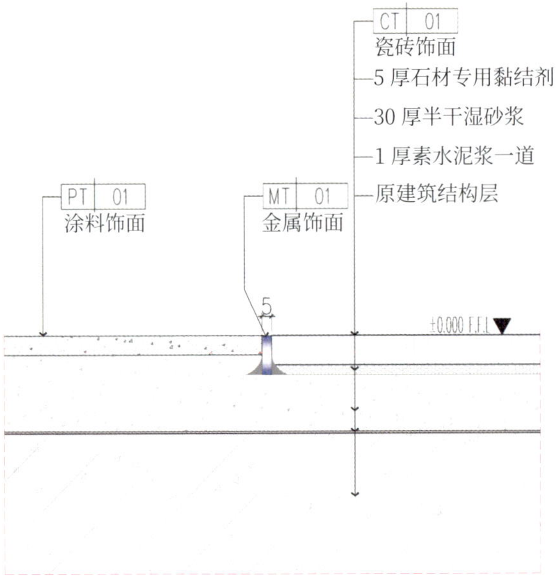

节点大样图

三维示意图

竖剖面图

说明 在原地面做一道素水泥处理，通过水泥砂浆找平，使用石材专用黏结剂铺贴瓷砖（瓷砖与涂料之间需要金属条收口）。

18 钢化玻璃地面安装节点

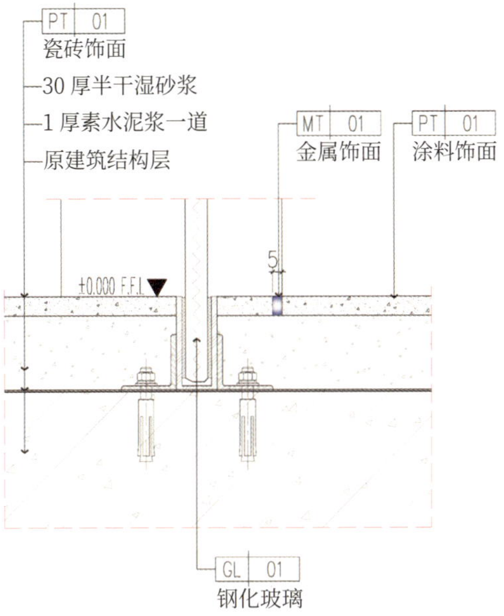

节点大样图

三维示意图

竖剖面图

说明 地面施工时，需要提前预埋好 U 形槽，并与地面固定好。

19 涂料、瓷砖地面节点（卫生间）

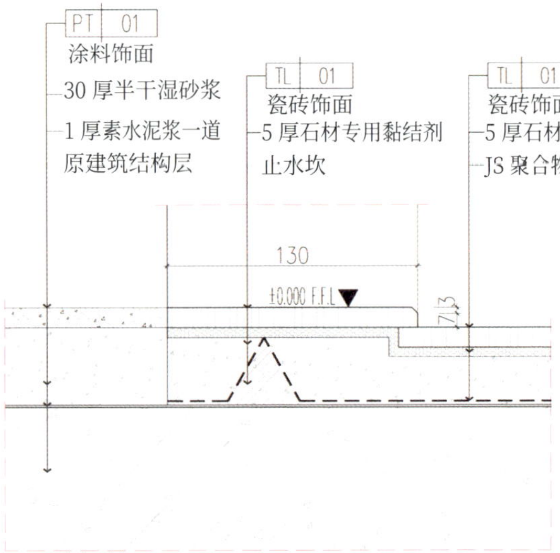

节点大样图

三维示意图

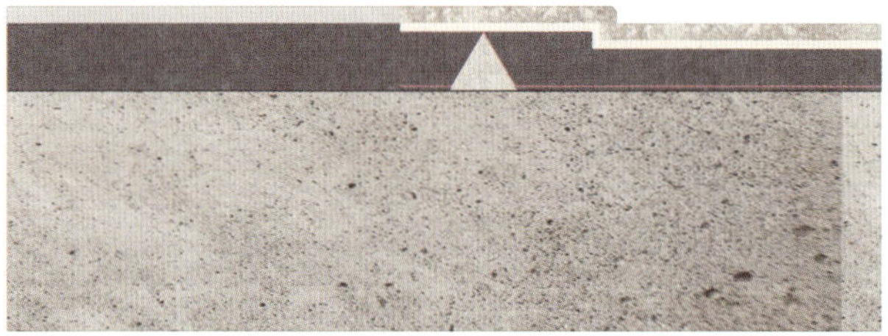

竖剖面图

说明 卫生间与过道间的门槛石下，需要做止水坎，防止水渗出来，并需做好卫生间区域防水。

20 木地板、涂料地面节点

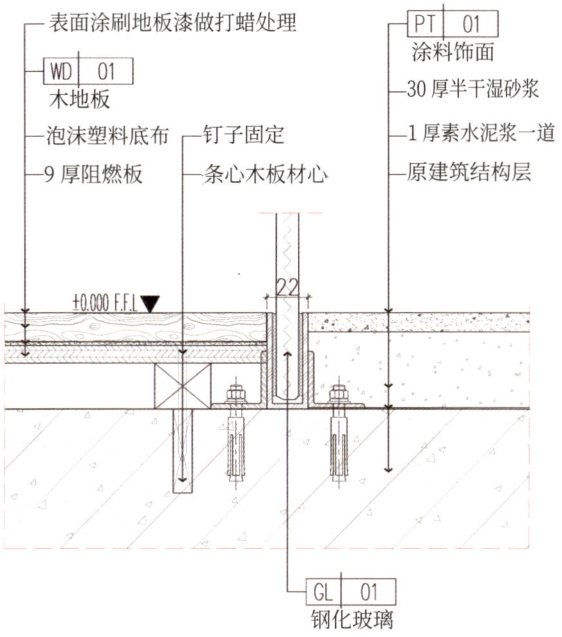

节点大样图

三维示意图

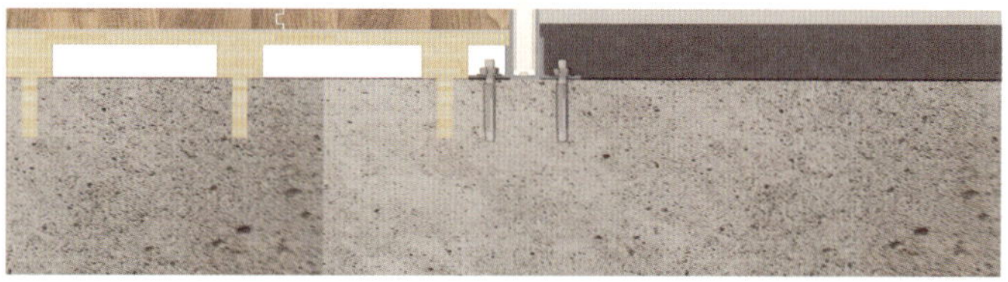

竖剖面图

说明 木地板与涂料之间做无边框玻璃，需要提前预埋好 U 形槽，槽的高度与地面齐平或低于地面高度，这样隐形效果更佳。

21 木地板、地板胶地面节点

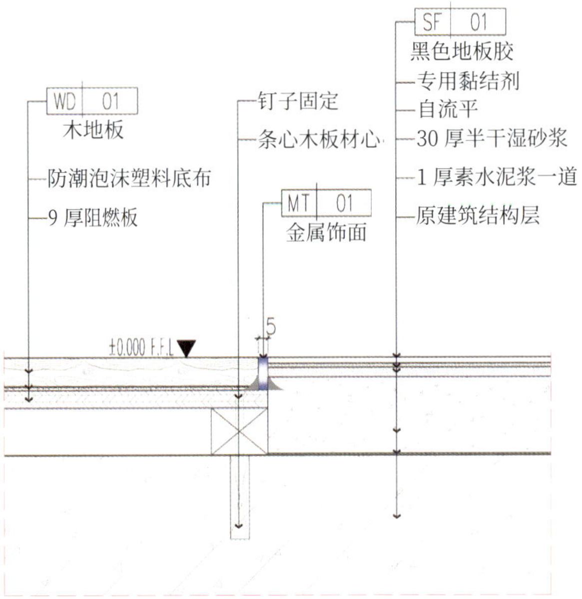

节点大样图

三维示意图

竖剖面图

说明 木地板与黑色地板胶之间收口，需要提前预埋收口型材或实心铜条，并与地面高度齐平。

22 瓷砖、地板胶地面节点

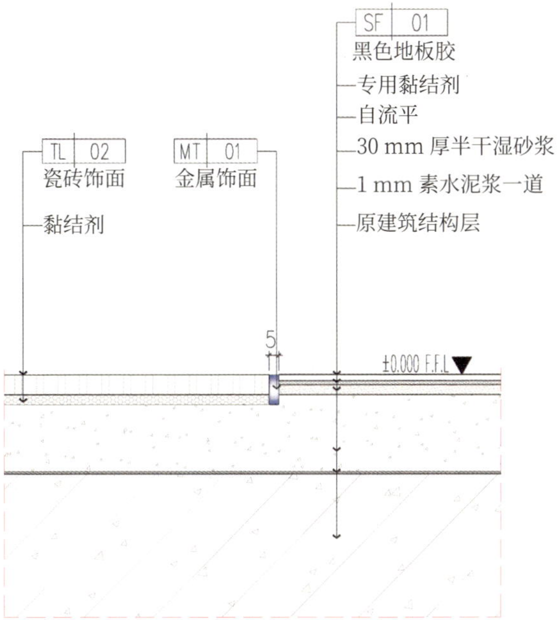

节点大样图

三维示意图

竖剖面图

说明 瓷砖与黑色地胶之间收口，需要提前预埋收口型材或实心铜条，并与地面高度齐平。

23 涂料、金属饰面地面节点

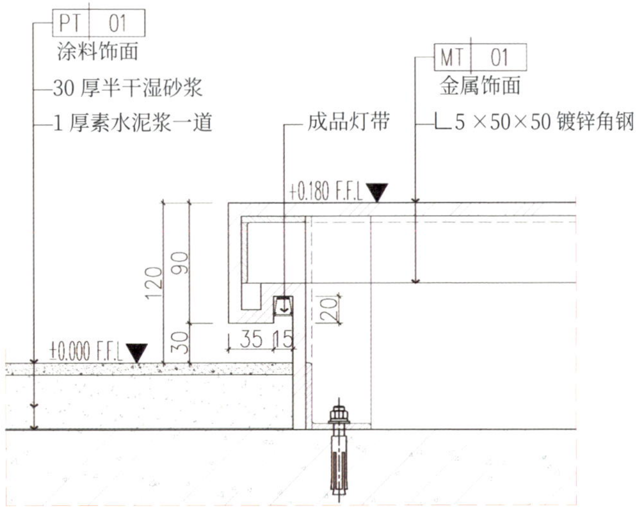

节点大样图

三维示意图

竖剖面图

说明

涂料与金属踏步之间收口，要先做好踏步角钢基层，再安装踏步饰面层，最后开始对地面进行涂料施工。

24 地毯、石米饰面地面节点

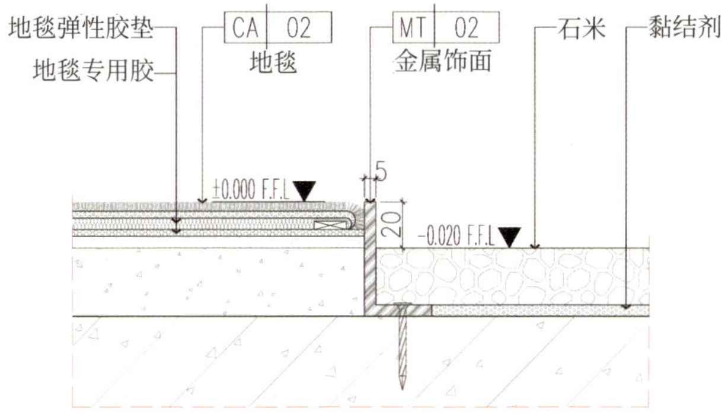

节点大样图

三维示意图

竖剖面图

说明 地毯与石米之间收口，要先预埋固定好收边条，再开始对地毯部分进行施工，最后用黏结剂粘贴石米。

25 地毯、石材地面节点

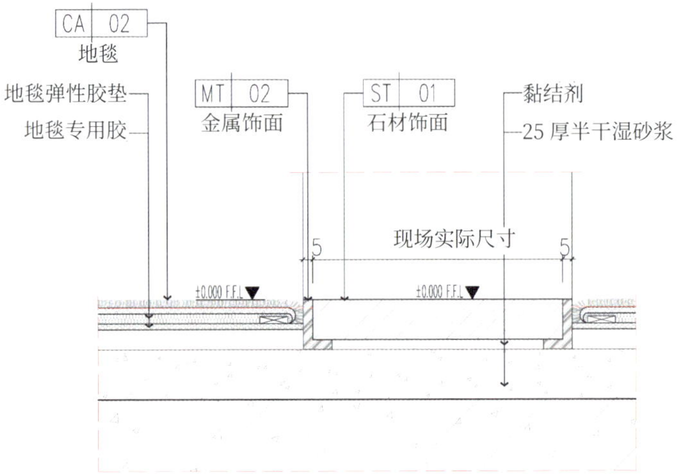

节点大样图

三维示意图

竖剖面图

说明 地毯与石材之间收口，需要提前预埋 5 mm 宽收边条，与石材地面齐平。

26 石材地面节点（含硬灯条）

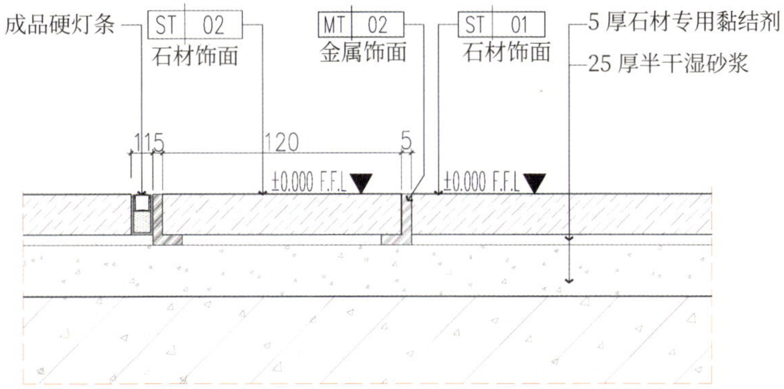

节点大样图

三维示意图

竖剖面图

说明	地面石材与石材之间安装硬灯条，户外庭院需要定制防水款硬灯条，室内则不需要。

27 环氧胶泥地面节点（伸缩缝）

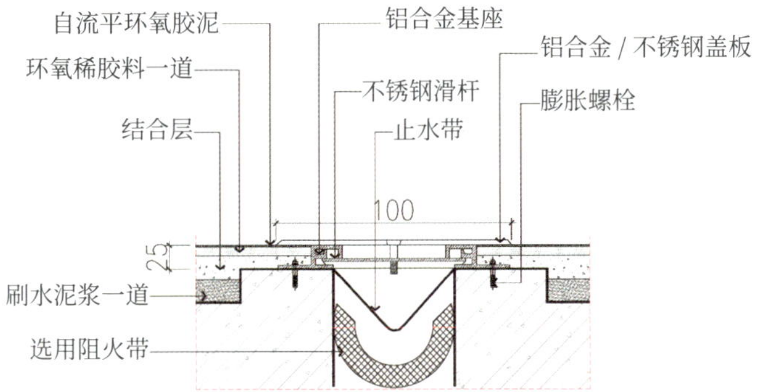

节点大样图

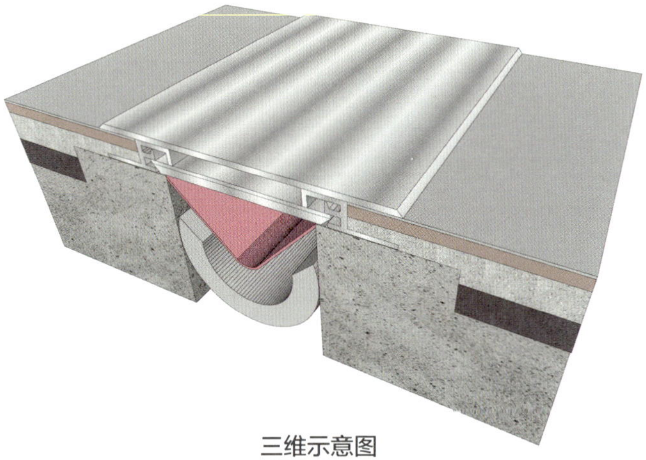

三维示意图

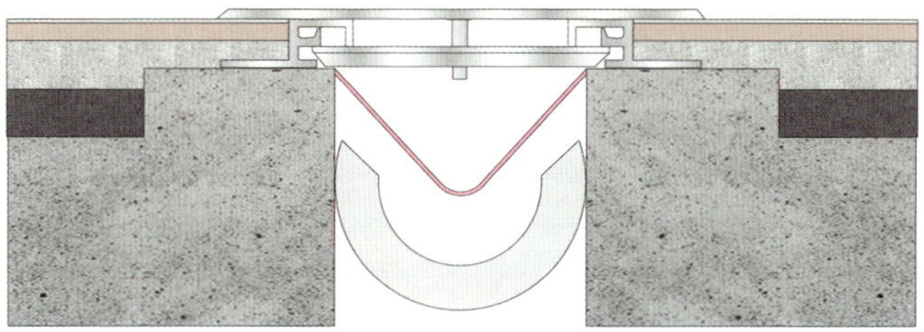

竖剖面图

说明 地毯与石材之间收口，需要提前预埋 5 mm 宽收边条，与石材地面齐平。

28 胶板地面节点（伸缩缝）

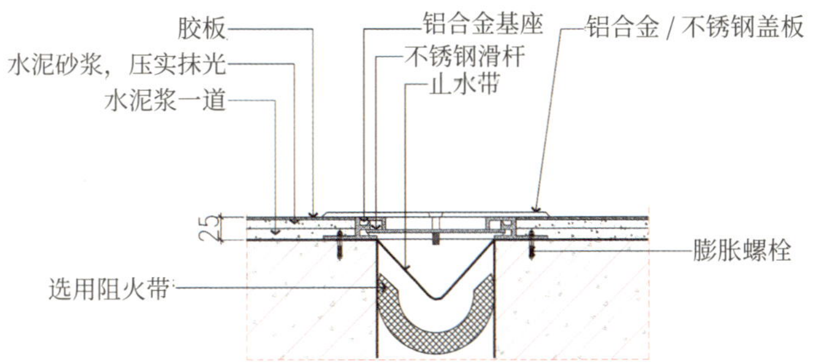

节点大样图

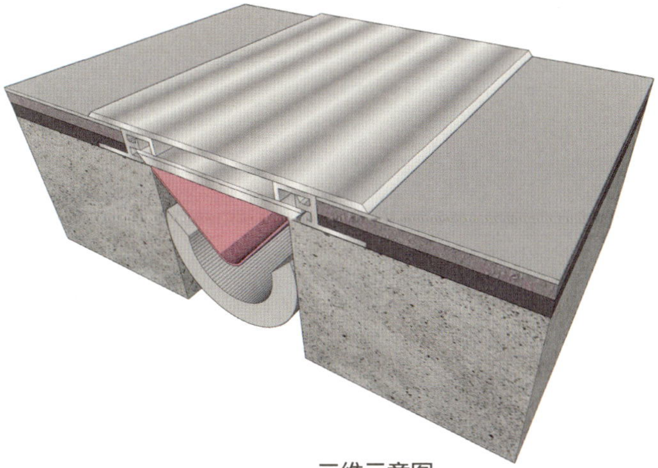

三维示意图

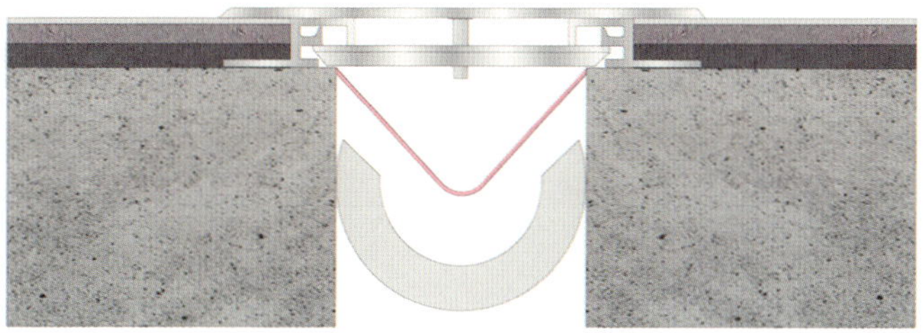

竖剖面图

说明　在楼板缝中安装阻火带、止水带，再进行铝合金基座固定和胶板施工，最后盖上不锈钢盖板。

29 地毯地面节点（伸缩缝）

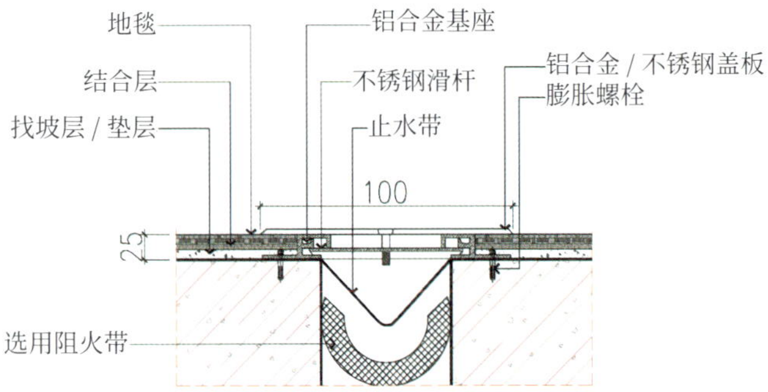

节点大样图

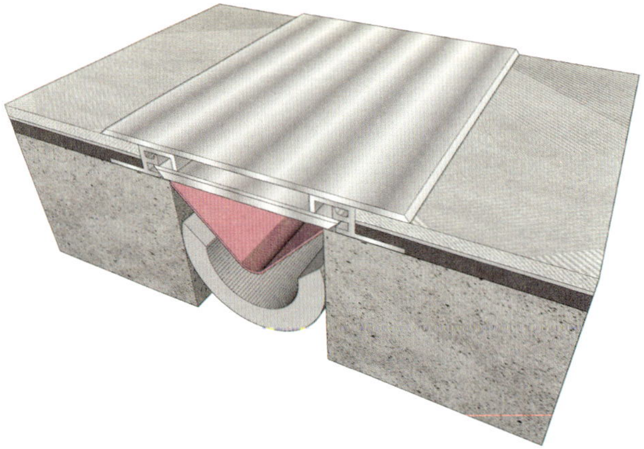

三维示意图

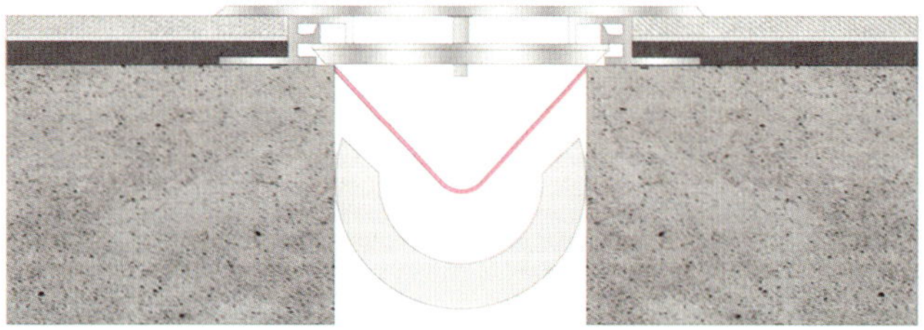

竖剖面图

30 方块地毯地面节点（伸缩缝）

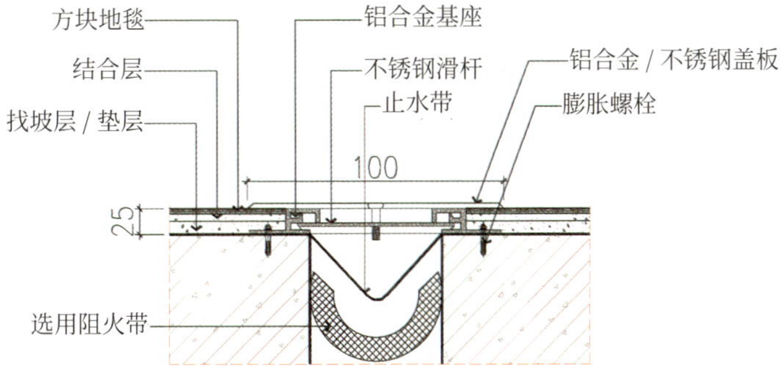

节点大样图

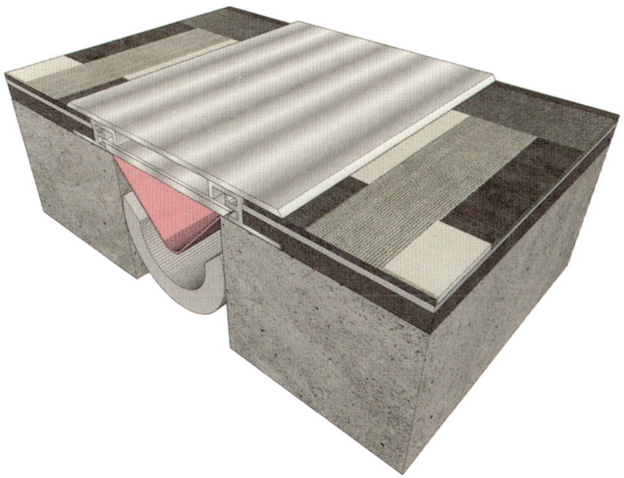

三维示意图

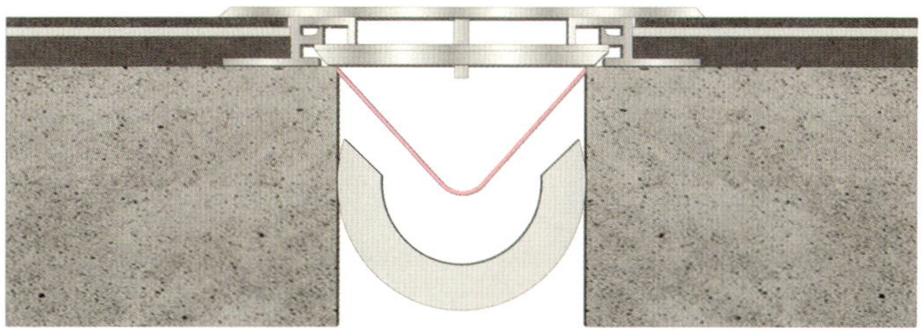

竖剖面图

31 木地板地面节点（伸缩缝）

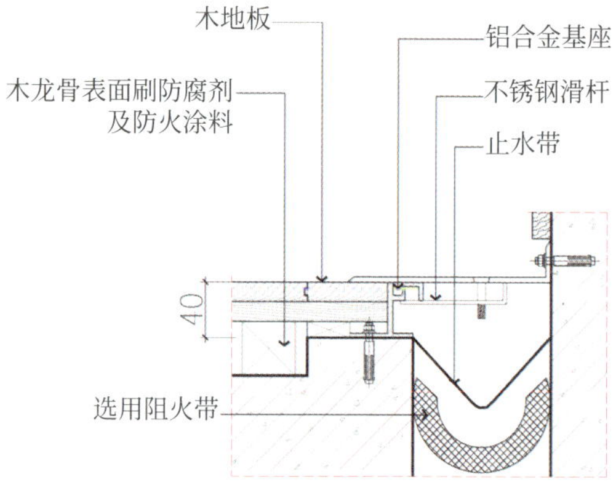

节点大样图

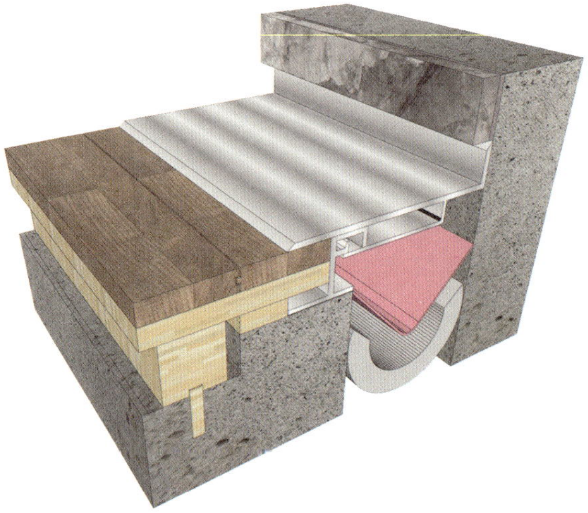

三维示意图

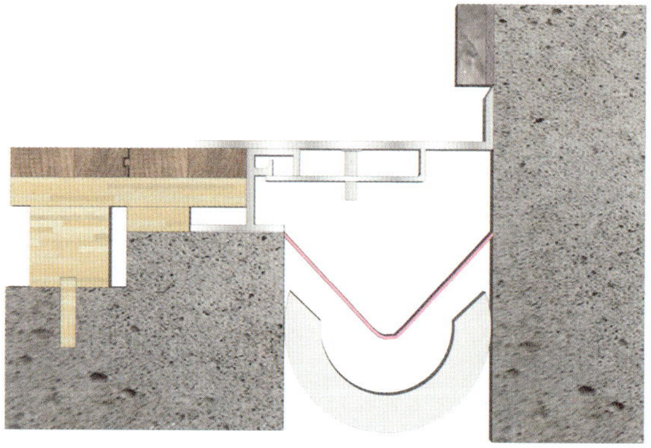

竖剖面图

3

第三章

墙身节点

1 墙面阳角收口（湿贴工艺）

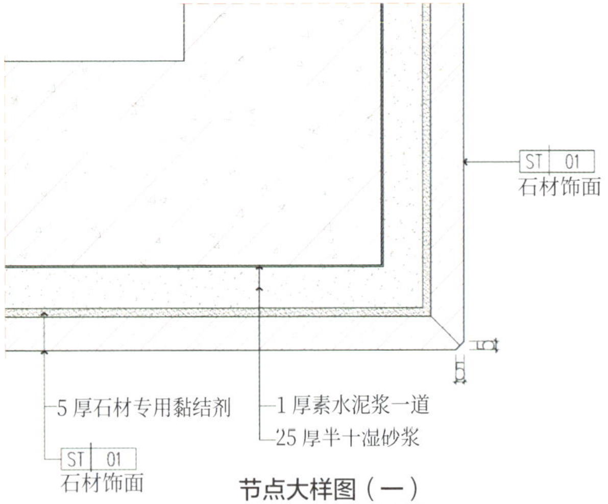

节点大样图（一）

横剖面图（一）

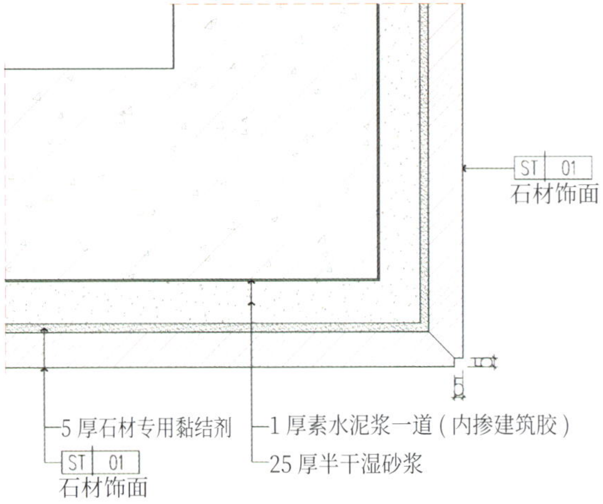

节点大样图（二）

横剖面图（二）

说明 墙身石材节点采用湿贴工艺，阳角收口方式分别是倒角收口、45° 斜拼海棠角收口。

2 墙面阳角收口（干挂工艺）

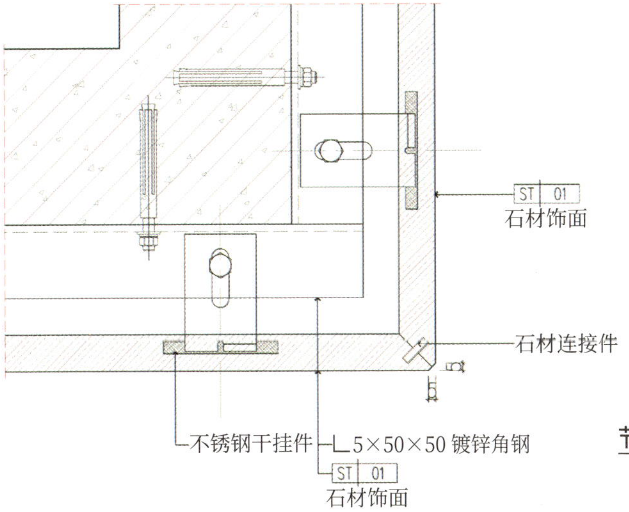

节点大样图（一）

三维示意图（一）

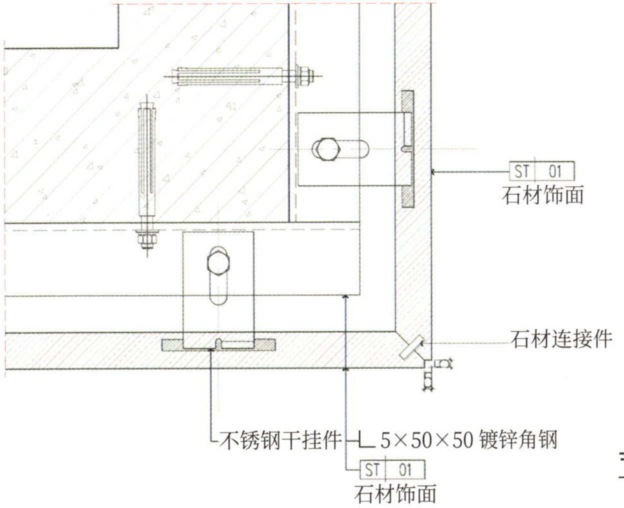

节点大样图（二）

三维示意图（二）

说明 墙身石材节点采用干挂工艺，阳角收口方式分别是倒角收口、海棠角收口（石材阳角收口处含石材连接件）。

3 墙面阳角收口（湿贴工艺）

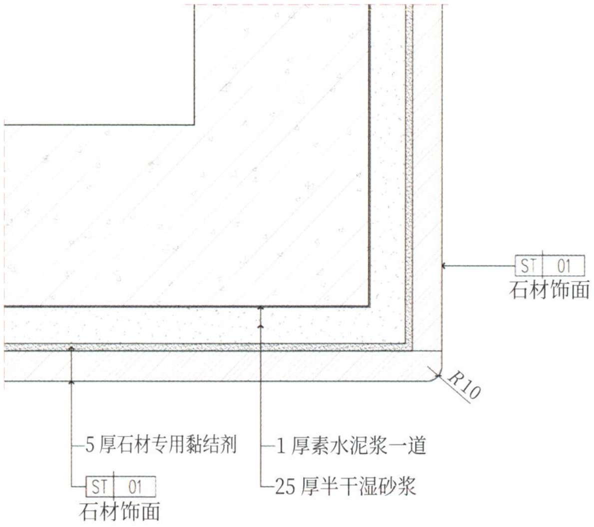

节点大样图（一）

三维示意图（一）

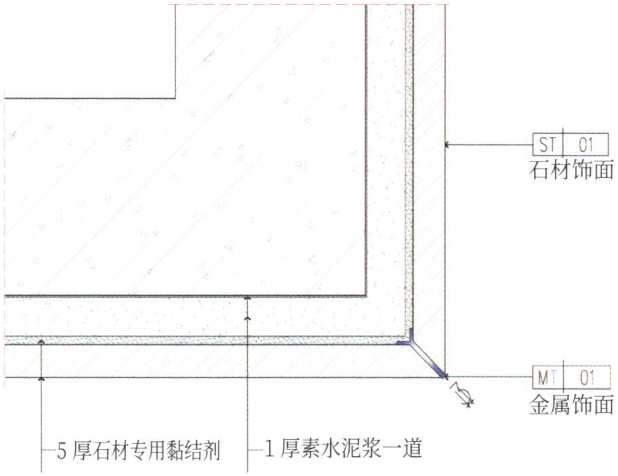

节点大样图（二）

三维示意图（二）

说明 墙身石材节点采用湿贴工艺，阳角收口方式分别是倒圆角收口、安装收边条收口（成品不锈钢收边条比石材面凸出 1 mm，厚度为 3 mm）。

4 墙面阳角收口（干挂工艺）

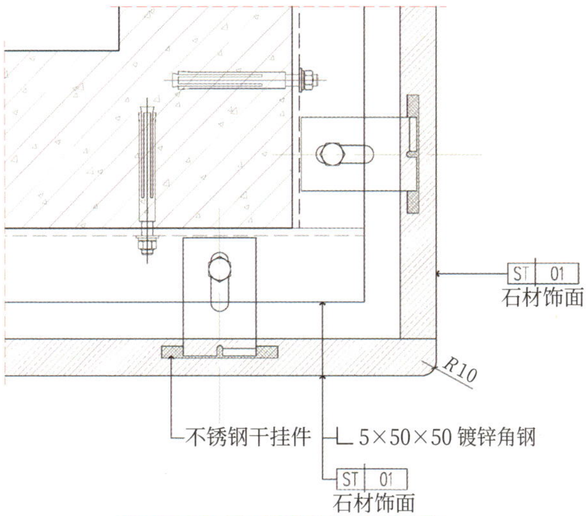

节点大样图（一）

三维示意图（一）

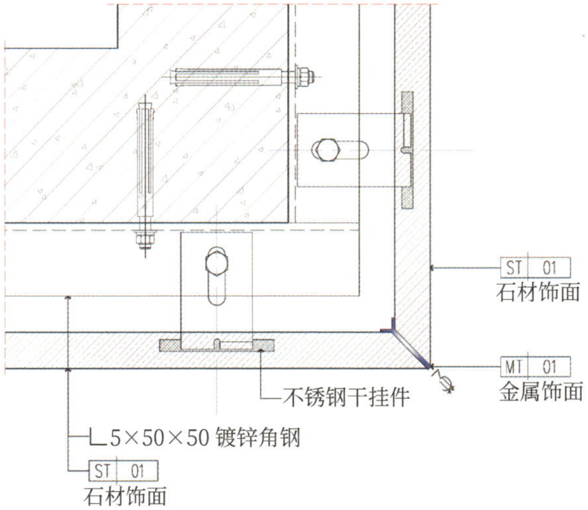

节点大样图（二）

三维示意图（二）

5 墙面阳角收口（湿贴工艺）

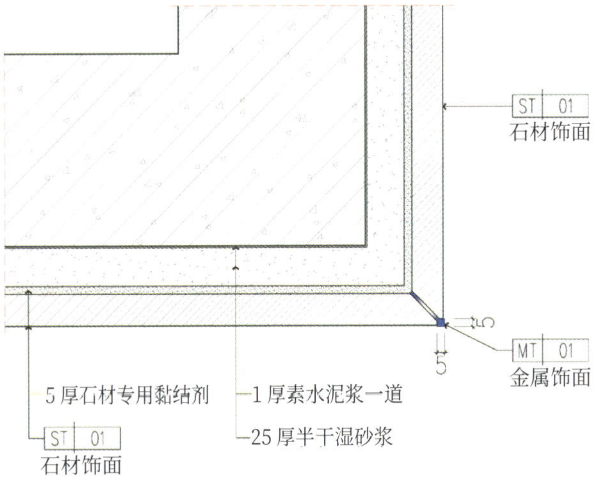

节点大样图（一）

横剖面图（一）

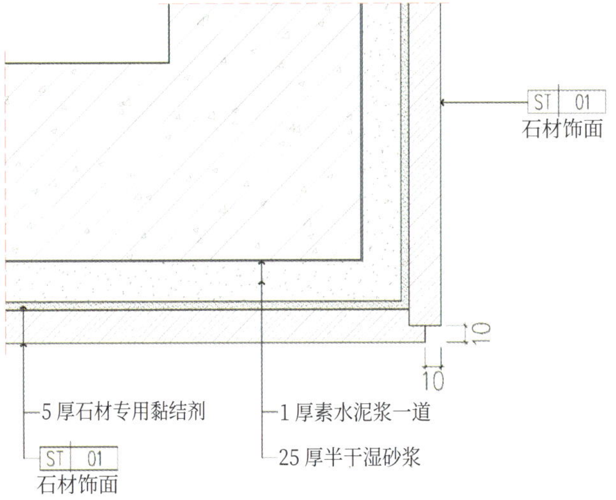

节点大样图（二）

横剖面图（二）

说明 墙身石材节点采用湿贴工艺，阳角收口方式分别是收边条收口、海棠角收口。

6 墙面阳角收口（干挂工艺）

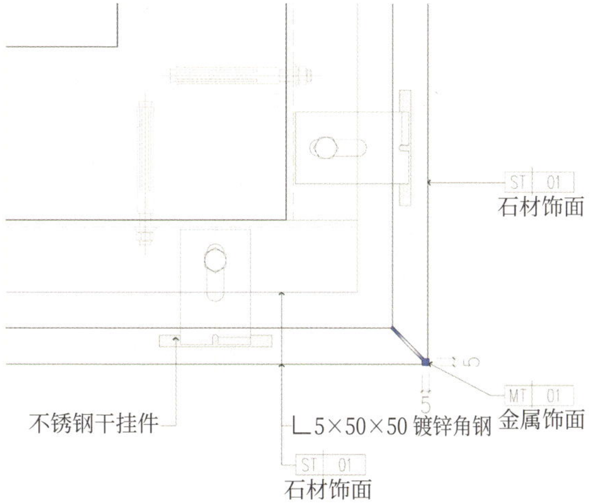

节点大样图（一）

三维示意图（一）

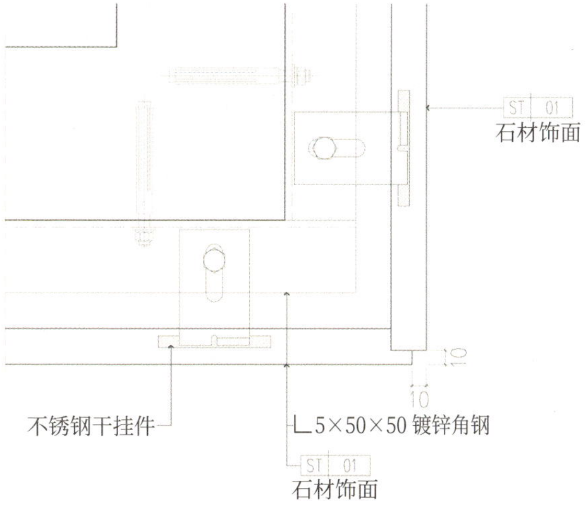

节点大样图（二）

三维示意图（二）

说明 墙身石材节点采用干挂工艺，完成面厚 100 mm，阳角收口方式分别是收边条收口（样式见三维示意图）、海棠角收口。

7 涂料饰面墙身节点

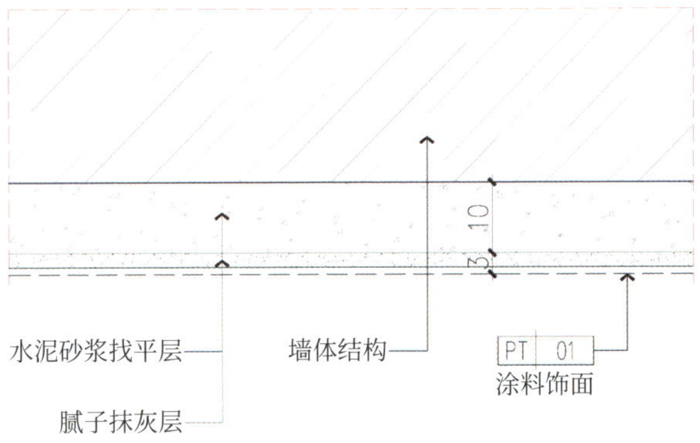

横剖面图

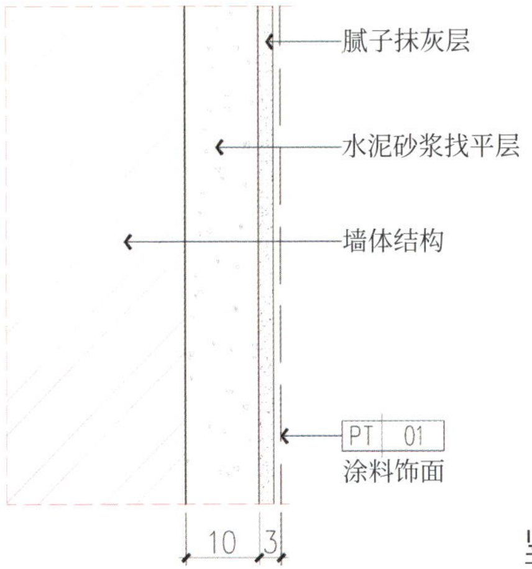

竖剖面图

三维示意图

施工流程	基层清理流程：刷 1 遍界面剂→进行裂缝处理→找平（包括阴阳角找直）→贴布→刮 2~3 遍腻子→打磨→刷底漆，找补打磨→刷两遍面漆→养护。

8 轻钢龙骨隔墙墙身节点

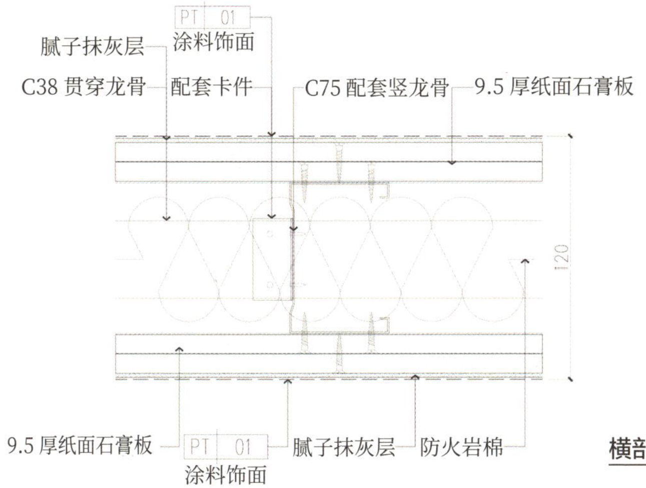

横剖面图

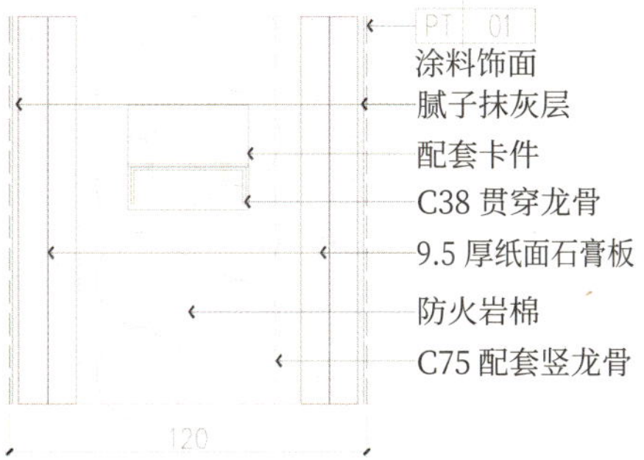

竖剖面图

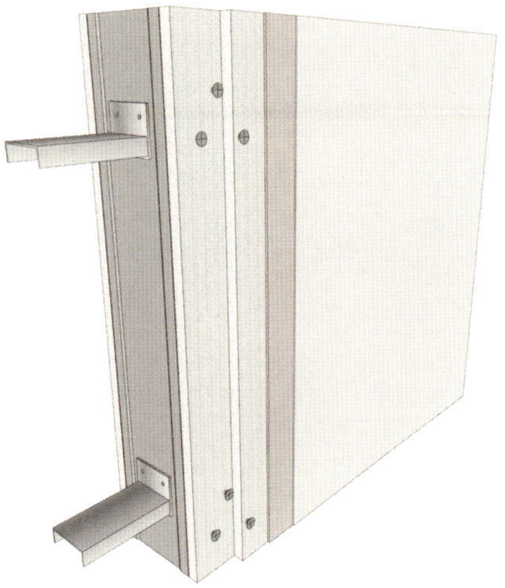

三维示意图

施工流程

弹线→安装天地龙骨→竖向龙骨分档→安装竖向龙骨→安装管线→安装横向龙骨→安装洞口门框→安装左侧石膏板→安装防火阻燃隔声棉→安装右侧石膏板。

9 涂料饰面墙身节点

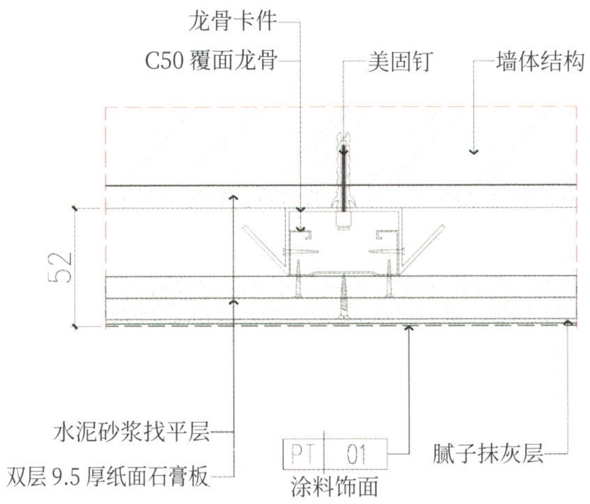

横剖面图

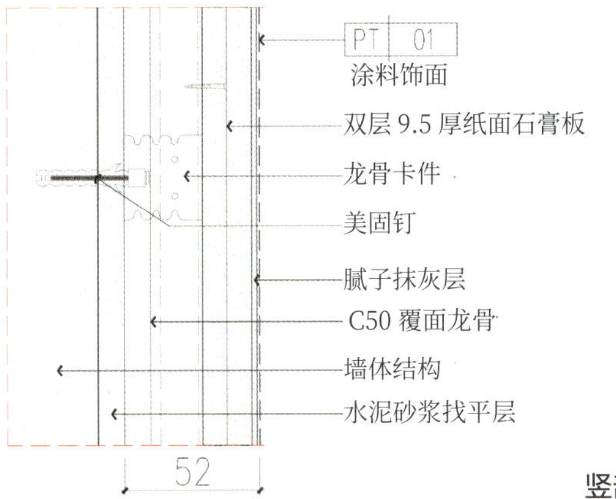

竖剖面图

三维示意图

施工流程	墙面水泥砂浆找平→铺卡式龙骨→封上石膏板→刷 1 遍界面剂→处理裂缝→找平（包括阴阳角找直）→贴布→刮 2~3 遍腻子，打磨→上底漆，找补打磨→刷两遍面漆→养护。

10 轻钢龙骨隔墙墙身节点

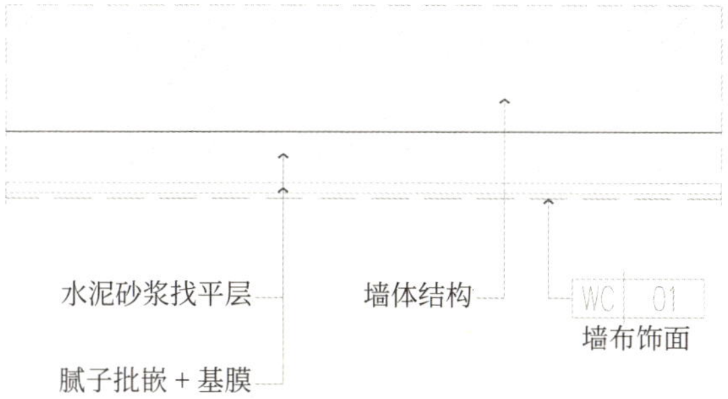

横剖面图

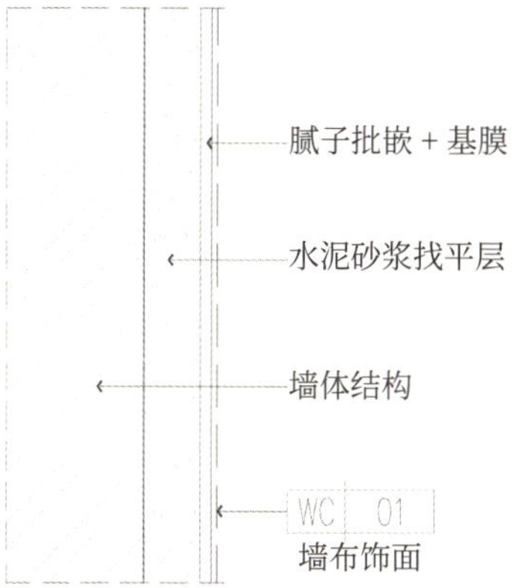

竖剖面图

三维示意图

说明 粘贴墙布前要对墙面进行处理，用刮板将墙面上的灰尘去除。有的墙面有裂缝、不平整，需用石膏粉铺平。另外若有墙面松软的情况，则需要给墙纸涂上基膜，让墙面更加牢固结实，这样墙布才不会脱落下来。

11 墙布墙身节点（轻钢龙骨隔墙）

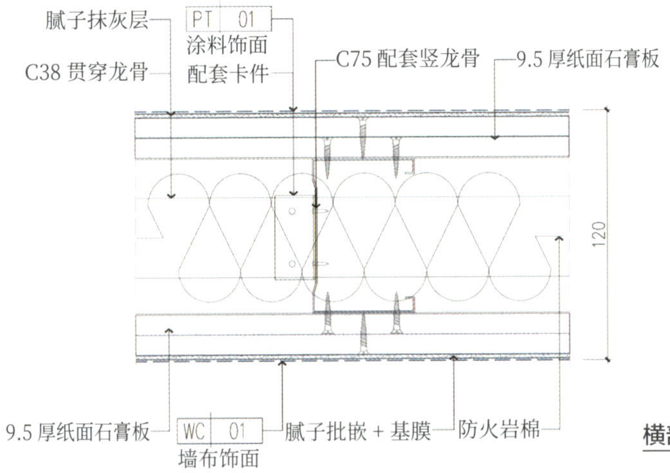

横剖面图

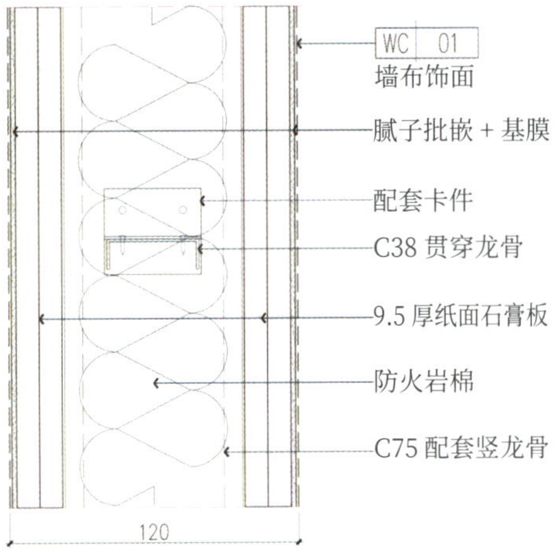

竖剖面图

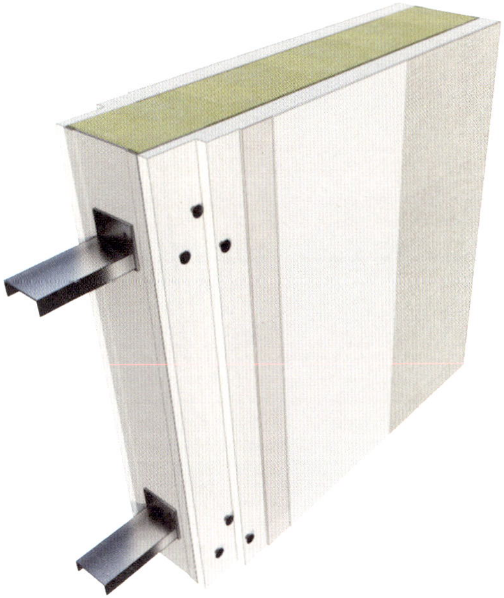

三维示意图

施工流程

弹线→安装天地龙骨→竖向龙骨分档→安装竖向龙骨→安装管线→安装横向龙骨→安装洞口门框→安装左侧石膏板→安装防火阻燃隔声棉→安装右侧石膏板→石膏板面接缝处贴接缝带→补腻子→磨砂纸一，满刮腻子，磨平→涂刷防潮剂→涂刷底胶→墙面弹线→基层涂刷黏结剂→墙布剪裁→刷胶→上墙裱贴墙布→修整以及处理细节。

12 墙布墙身节点（挂式工艺）

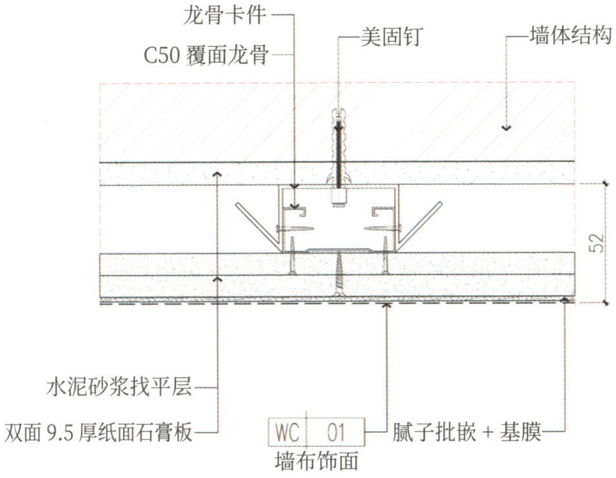

横剖面图

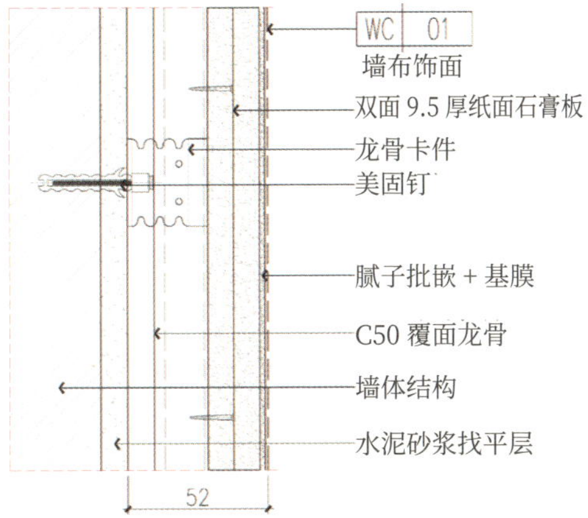

竖剖面图

三维示意图

施工流程	墙面水泥砂浆找平→铺卡式龙骨→封石膏板→石膏板面接缝处贴接缝带→补腻子→磨砂纸→满刮腻子→磨平→涂刷防潮剂→涂刷底胶→墙面弹线→基层涂刷黏结剂→剪裁墙布→刷胶→上墙裱贴墙布→拼缝→搭接→对花→赶压胶黏剂气泡→擦净胶水→修整。

13 木挂板墙身节点（挂式工艺）

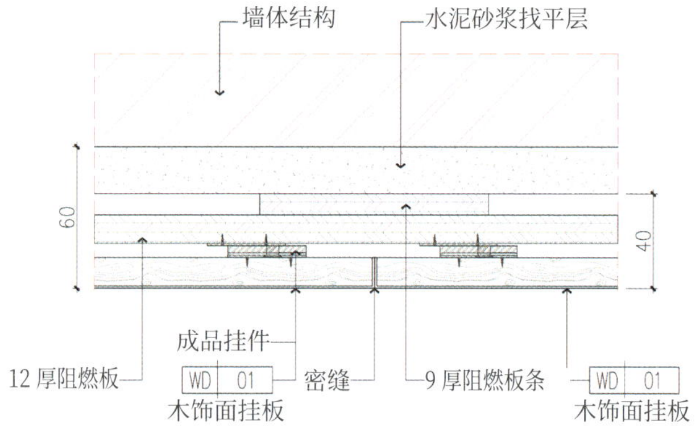

横剖面图

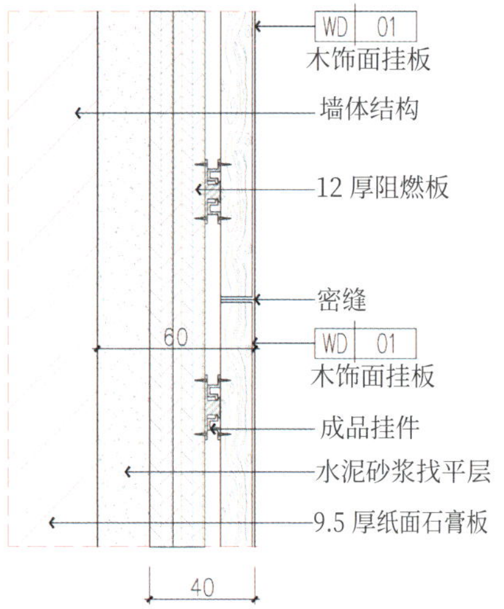

竖剖面图

三维示意图

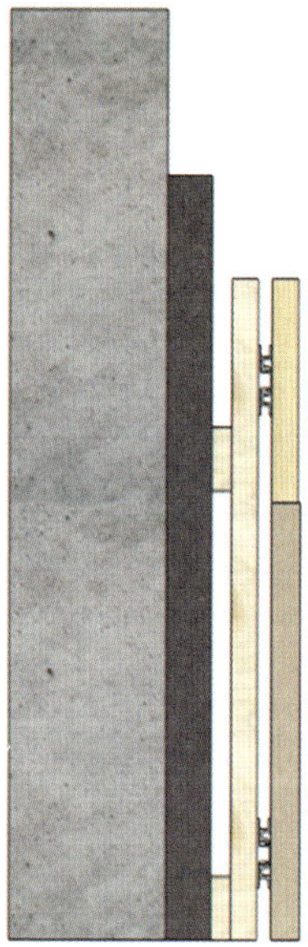

剖视图

施工流程	墙面水泥砂浆找平→用木挂件固定阻燃夹板→固定成品金属挂件→安装木饰面挂板。

14 木饰面墙身节点（贴式工艺）

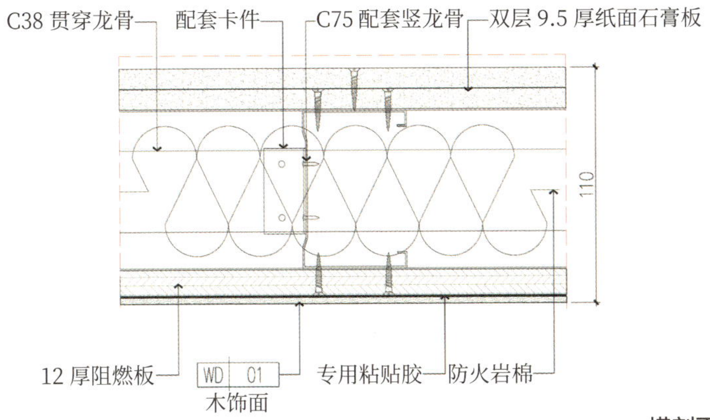

横剖面图

三维示意图

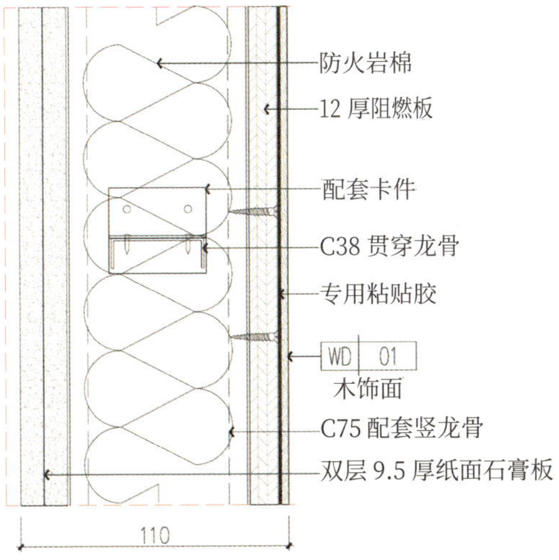

竖剖面图

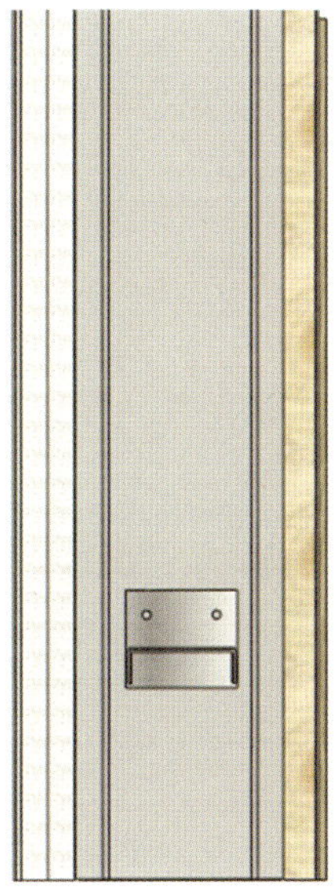

剖视图

施工流程 弹线→安装天地龙骨→竖向龙骨分档→安装竖向龙骨→安装管线→安装横向龙骨→安装防火阻燃隔声棉→封上阻燃夹板→涂专用粘贴胶→粘贴木饰面层。

15 木饰面墙身节点（龙骨基层）

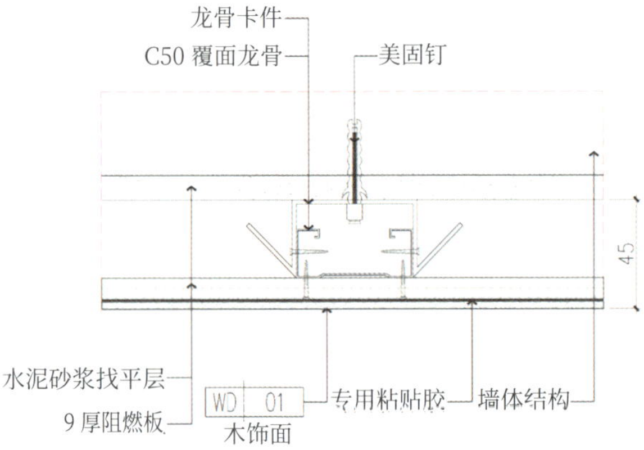

横剖面图

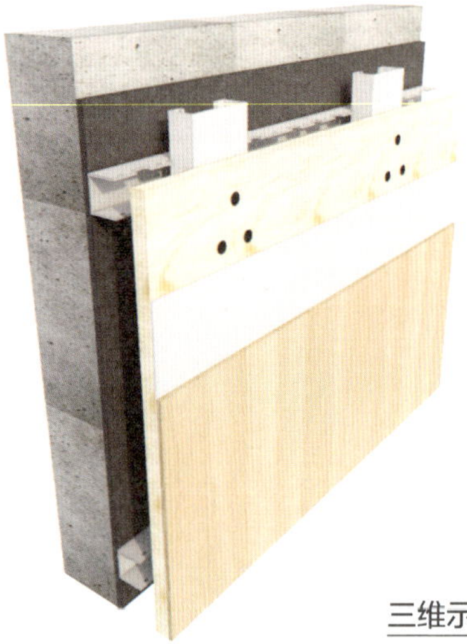

三维示意图

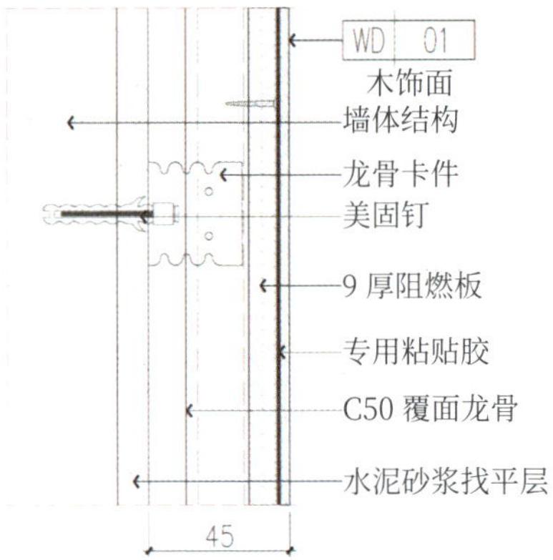

竖剖面图

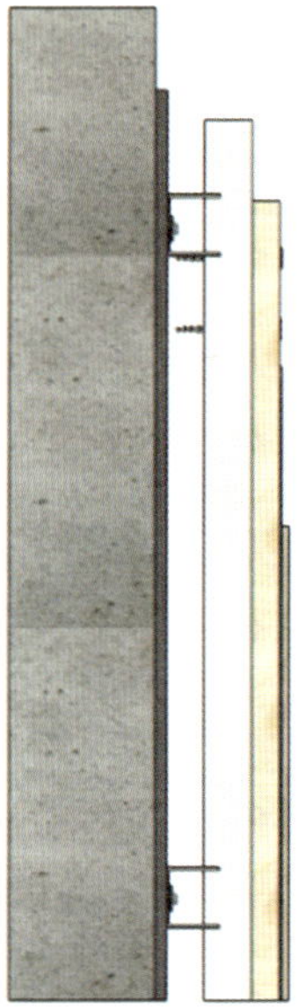

剖视图

施工流程 墙面水泥砂浆找平→铺设龙骨基层→封上阻燃夹板→涂专用粘贴胶→粘贴木饰面层。

4

第四章

门套节点

1 门套与砖墙结构收口 1

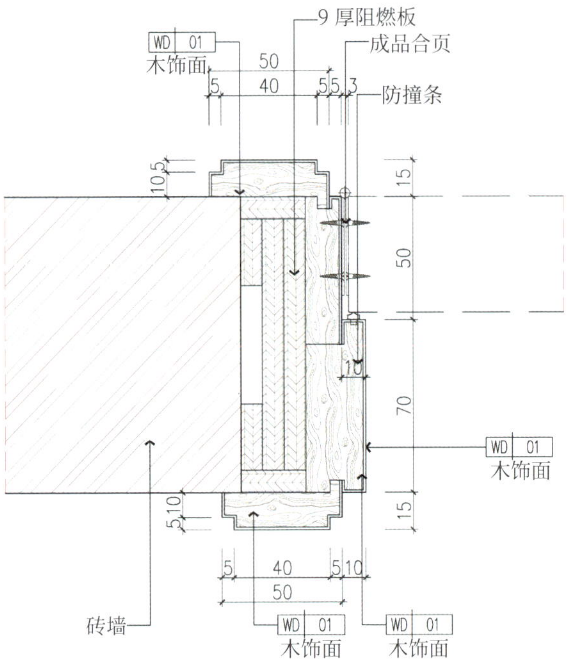

节点大样图

三维示意图

横剖面图

2 门套与砖墙结构收口 2

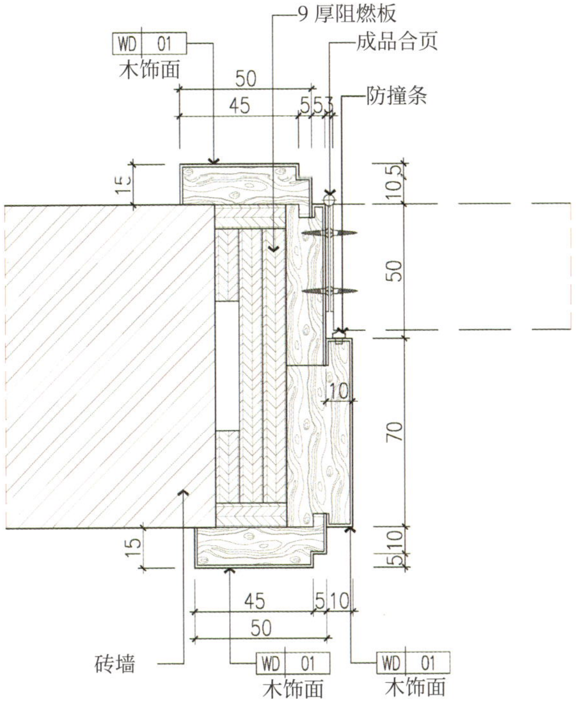

节点大样图

三维示意图

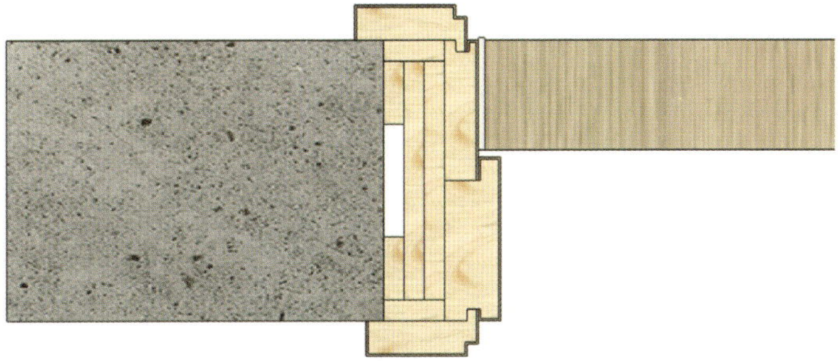

竖剖面图

3 门套与砖墙结构收口 3

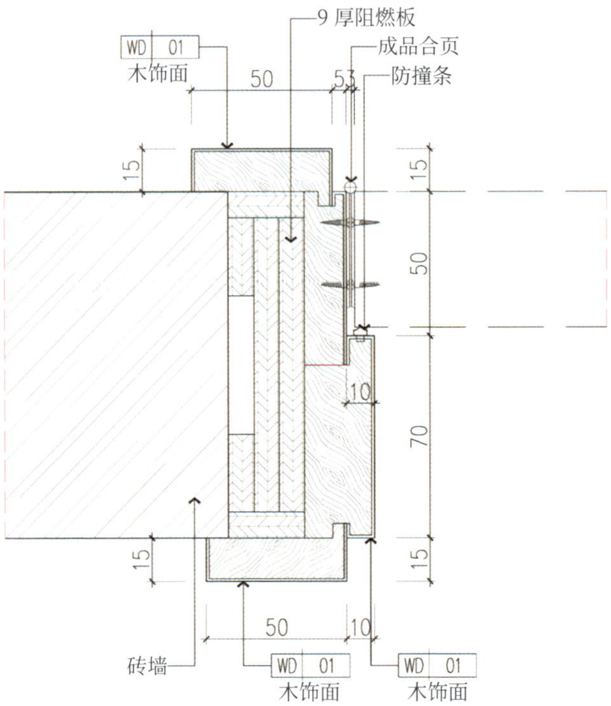

节点大样图

三维示意图

横剖面图

4 门套与轻钢龙骨隔墙收口 1

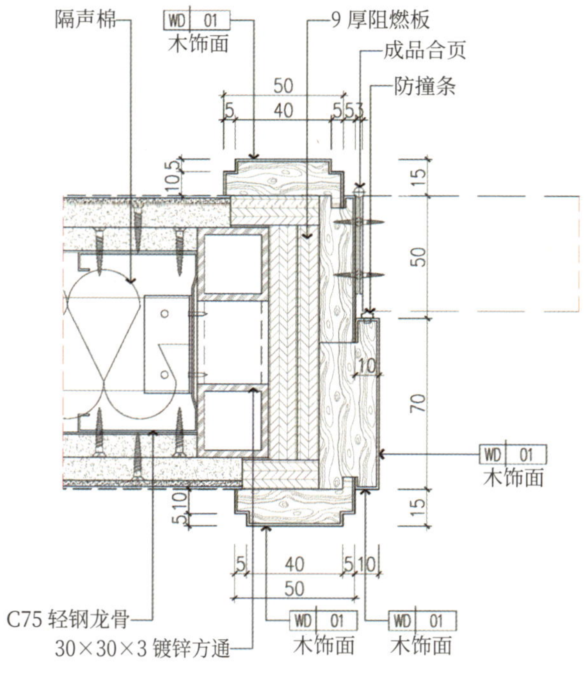

节点大样图

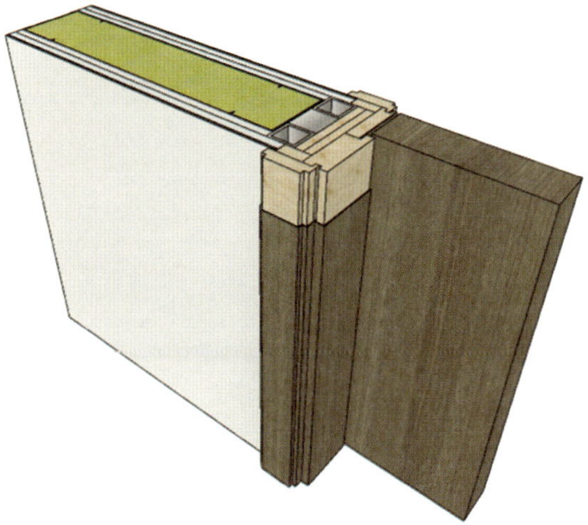

三维示意图

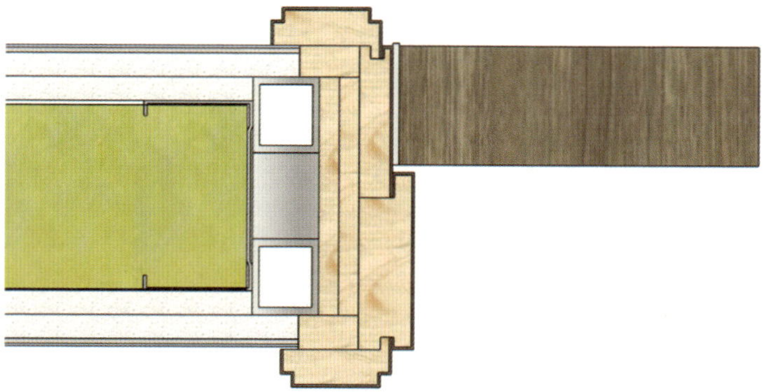

横剖面图

说明 木门套与轻钢龙骨隔墙之间需要加 30 mm × 30 mm × 3 mm 镀锌方通，起到加固作用，隔墙内部需要填充防火阻燃隔声棉。

5 门套与轻钢龙骨隔墙收口 2

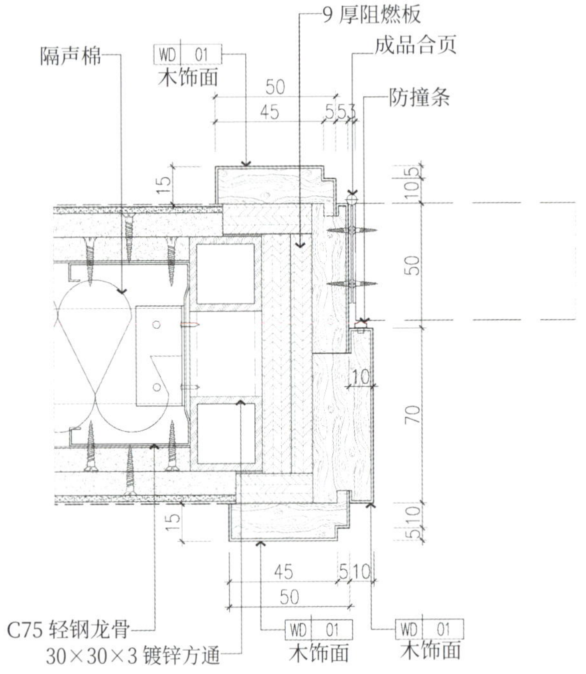

节点大样图

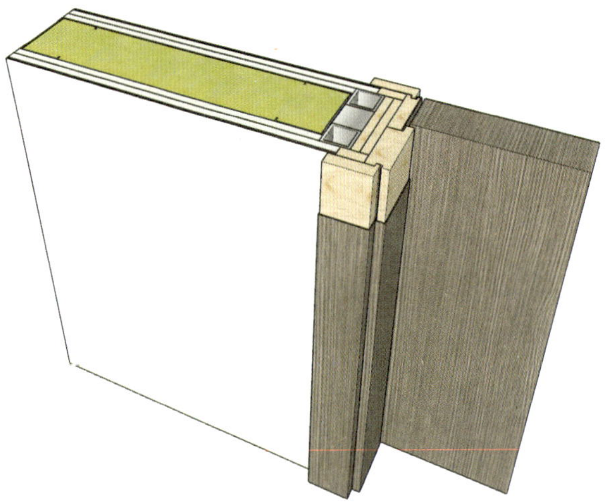

三维示意图

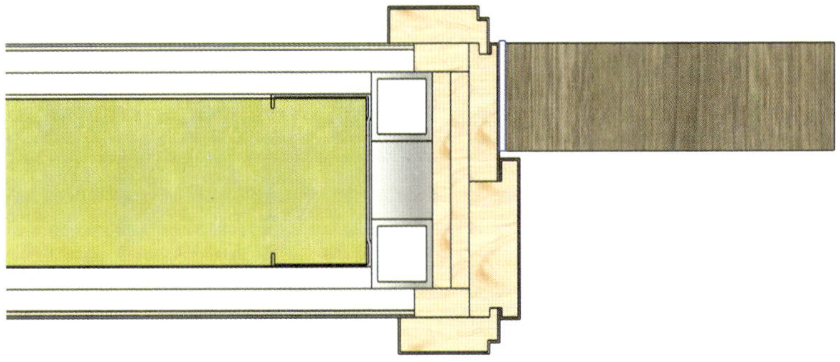

横剖面图

6 门套与轻钢龙骨隔墙收口 3

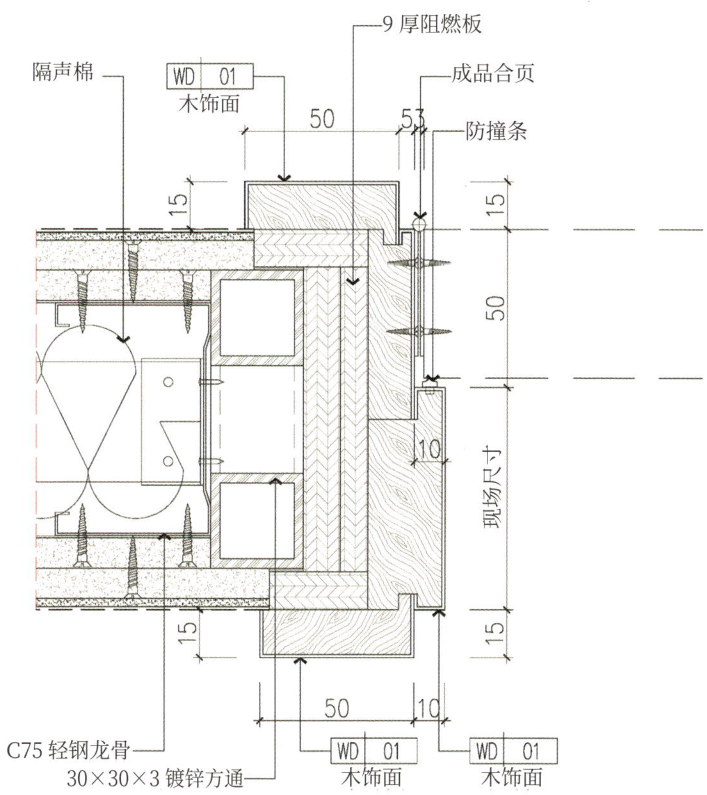

节点大样图

三维示意图

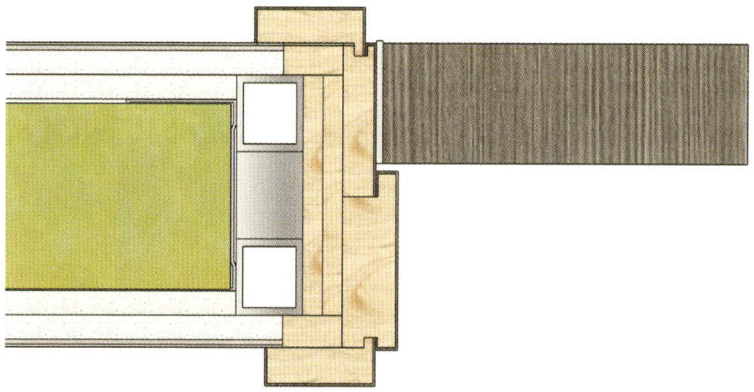

横剖面图

7 金属门套与砖墙结构收口 1

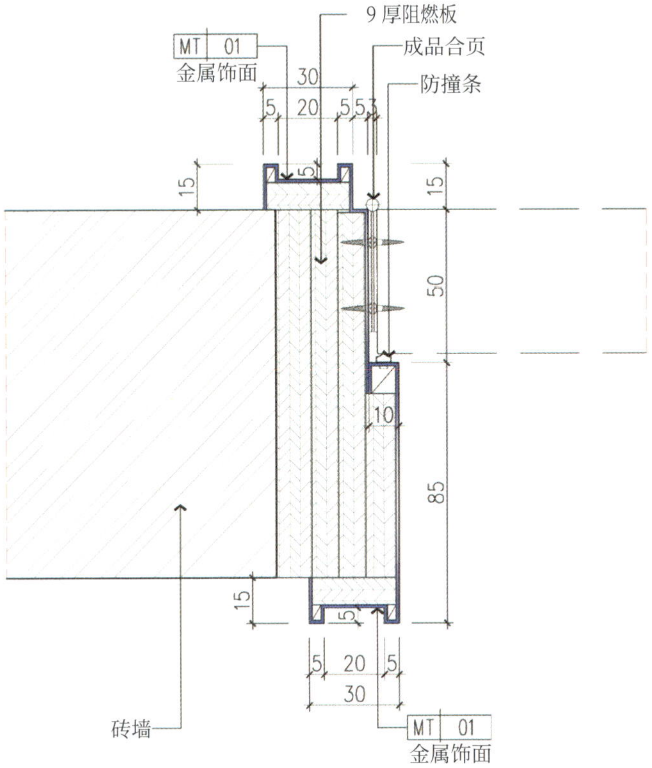

节点大样图

三维示意图

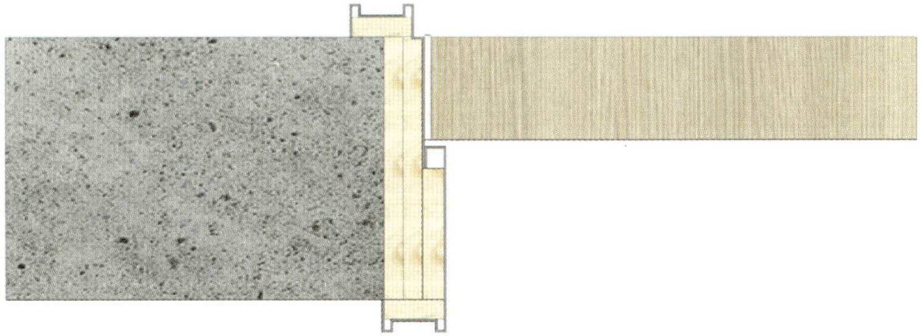

横剖面图

8 金属门套与砖墙结构收口 2

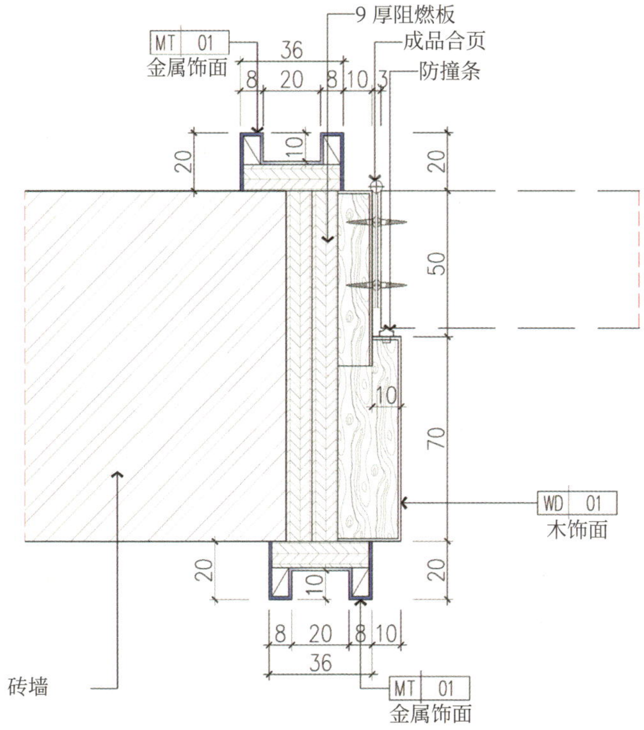

节点大样图

三维示意图

横剖面图

9 金属门套与砖墙结构收口 3

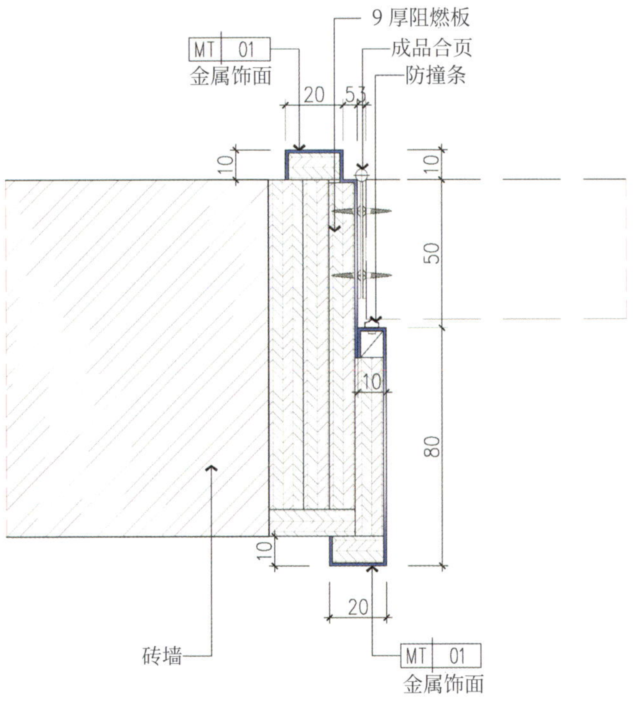

节点大样图

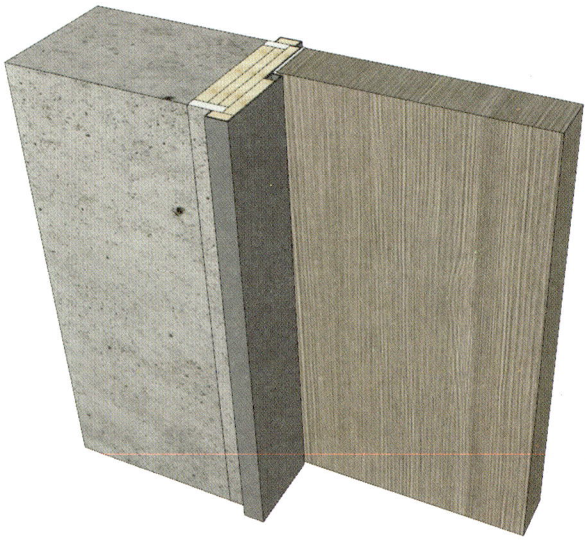

三维示意图

横剖面图

10 金属门套与轻钢龙骨隔墙收口 1

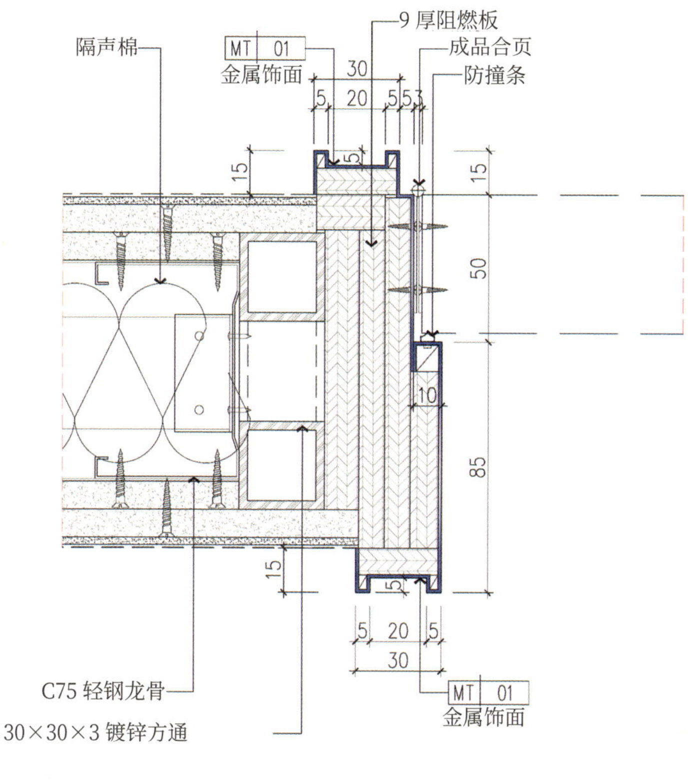

节点大样图

三维示意图

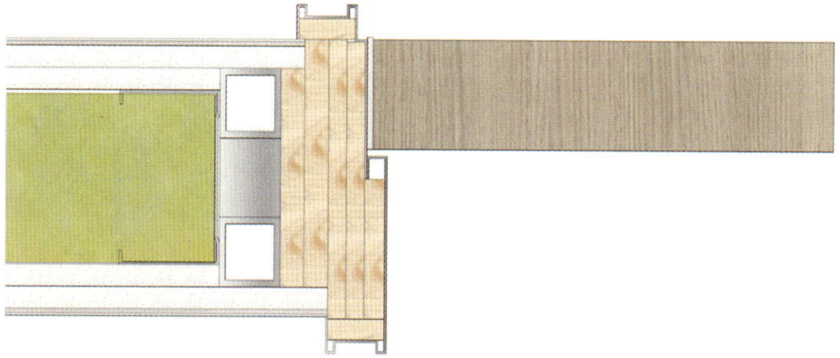

横剖面图

11 金属门套与轻钢龙骨隔墙收口 2

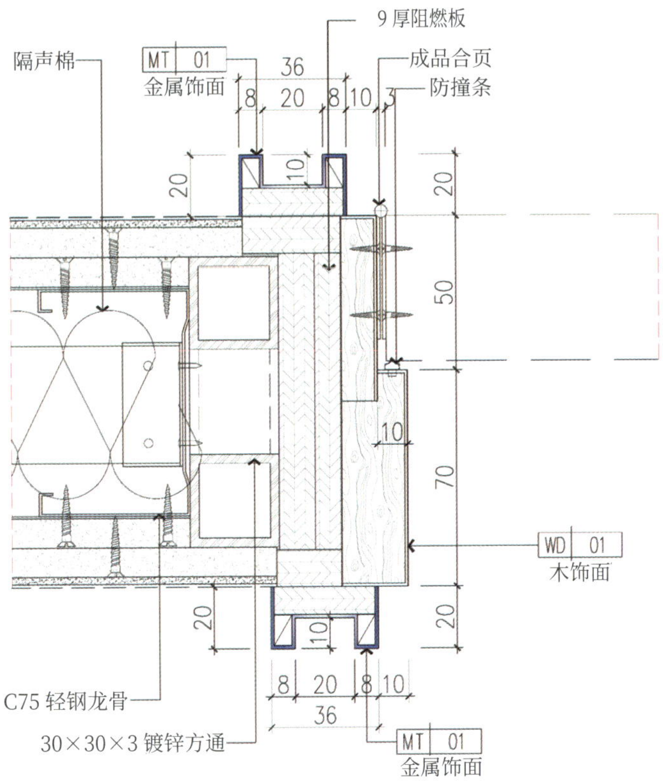

节点大样图

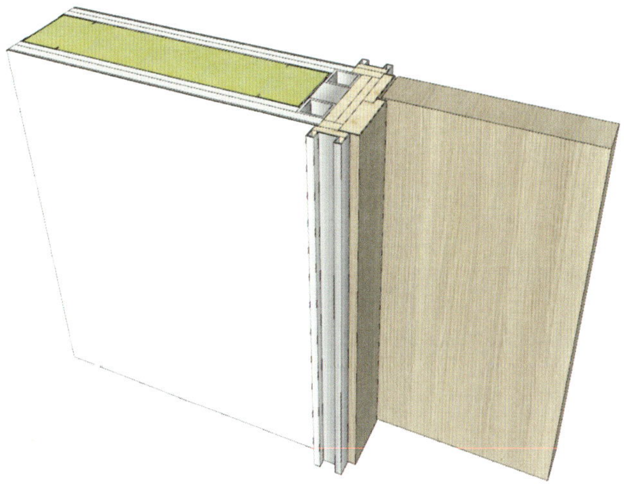

三维示意图

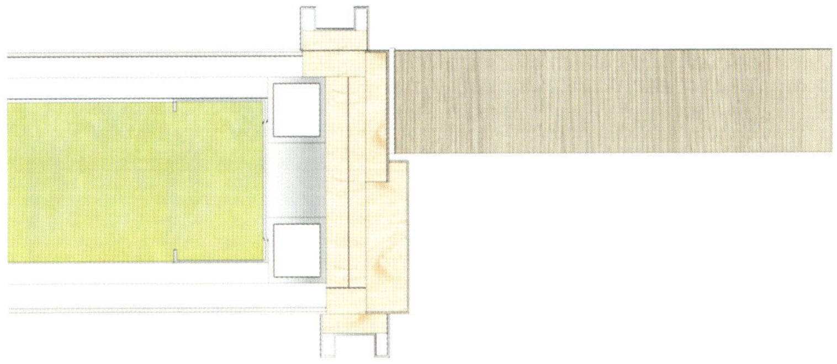

横剖面图

12 金属门套与轻钢龙骨隔墙收口 3

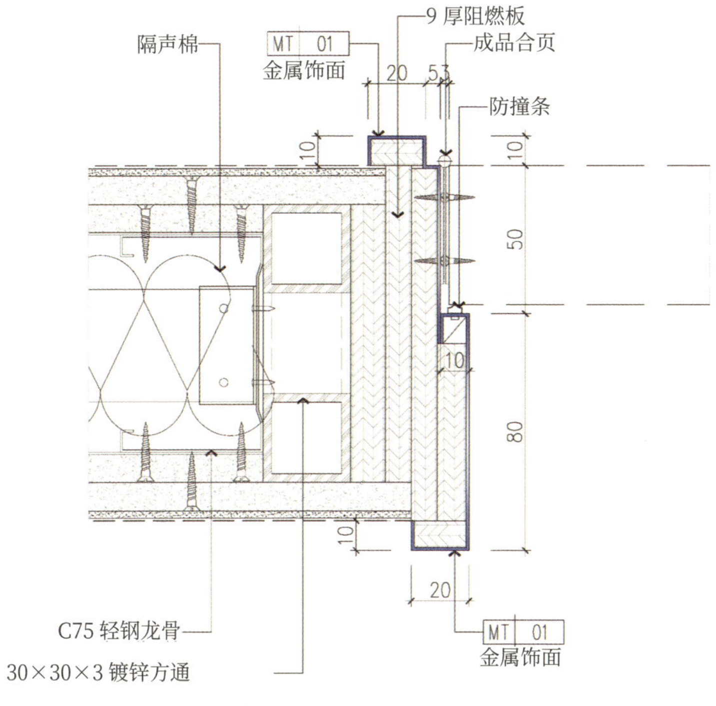

节点大样图

三维示意图

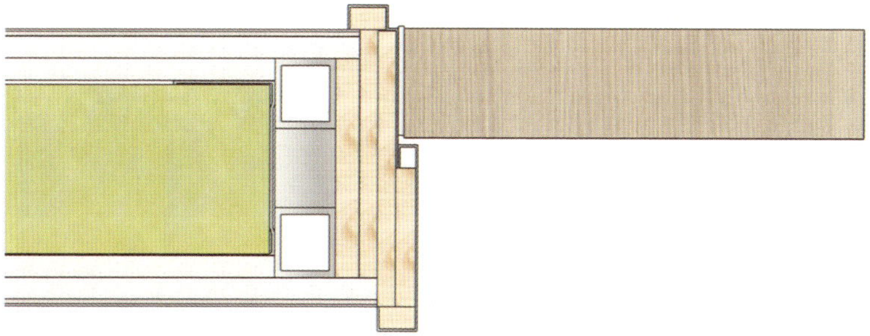

横剖面图

13 消防栓门节点

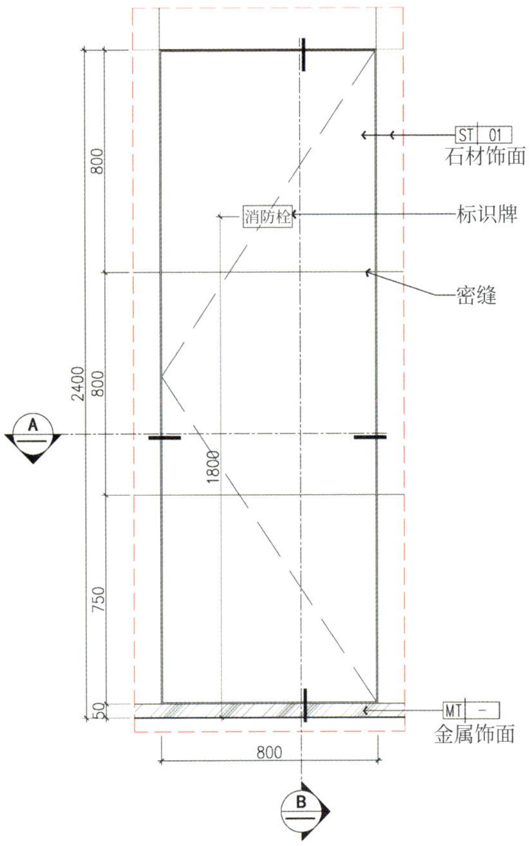

立面图

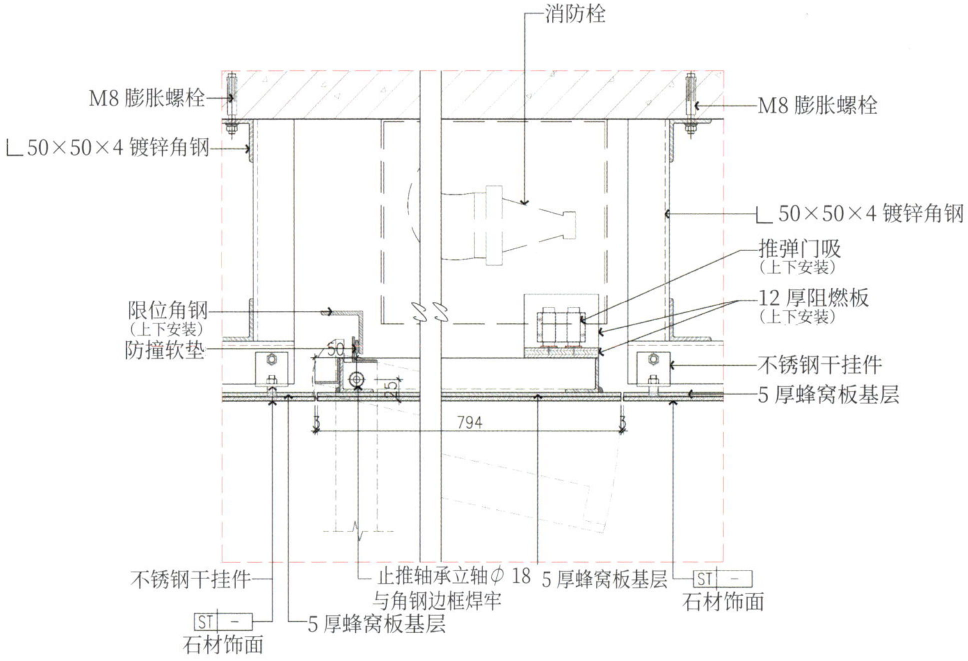

节点 A 大样图

说明 使用镀锌角钢做基层打底，用成品不锈钢背栓挂件固定复合石材。

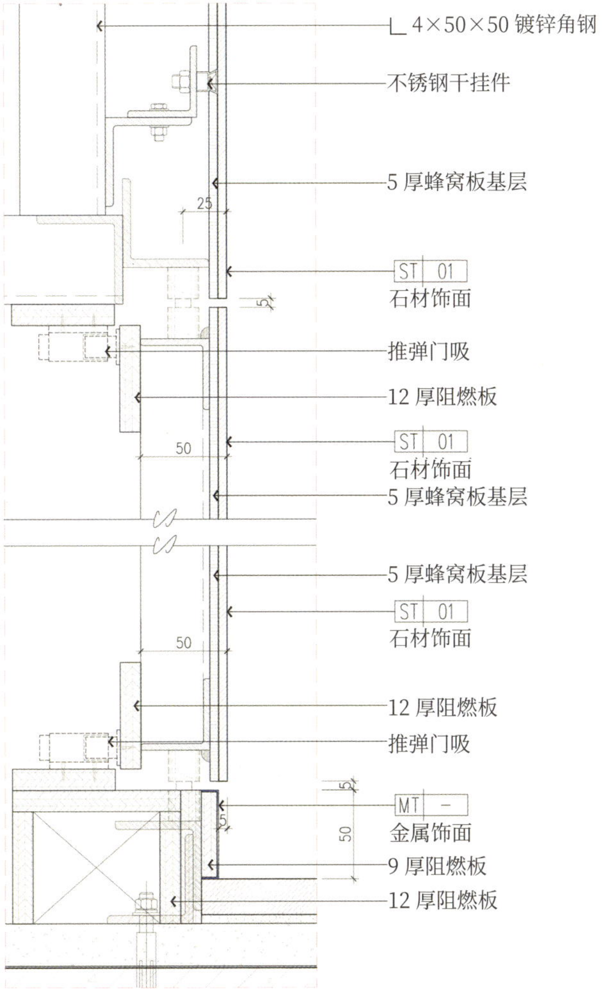

节点 B 大样图

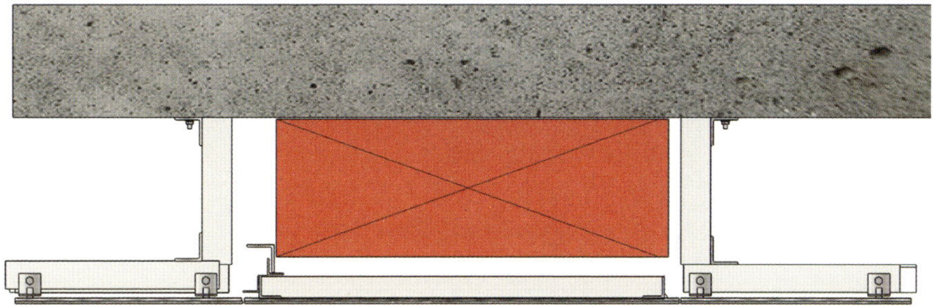

横剖面图

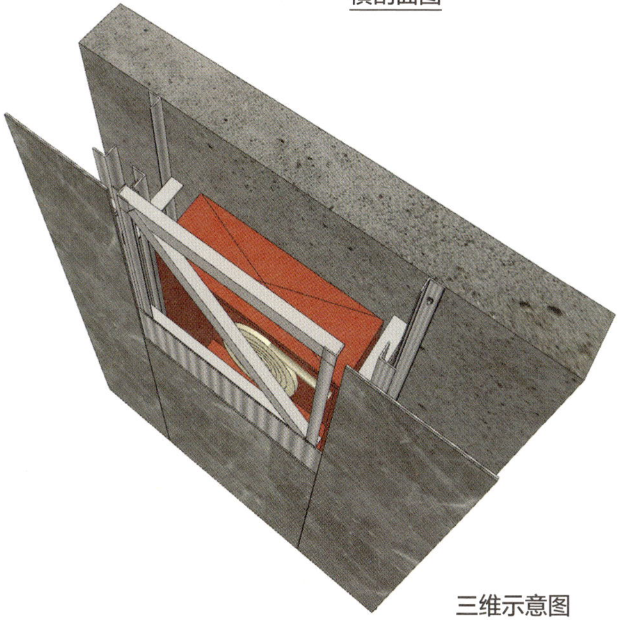

三维示意图

14 管井门（复合石材）节点

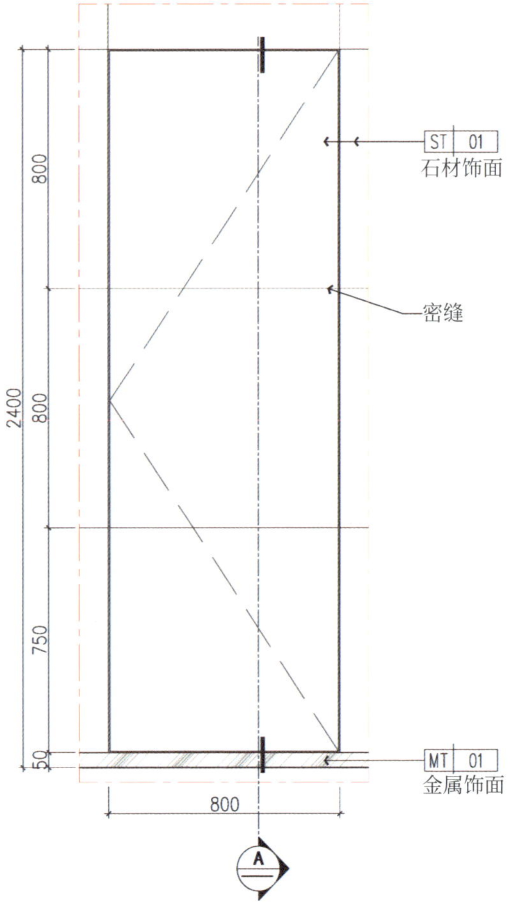

立面图

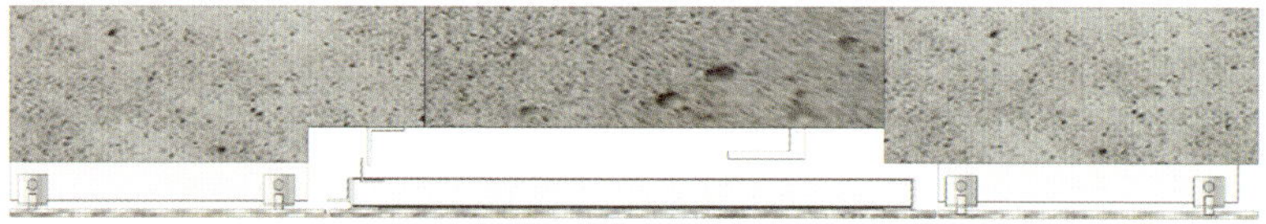

横剖面图

三维示意图

15 管井门（瓷砖）节点

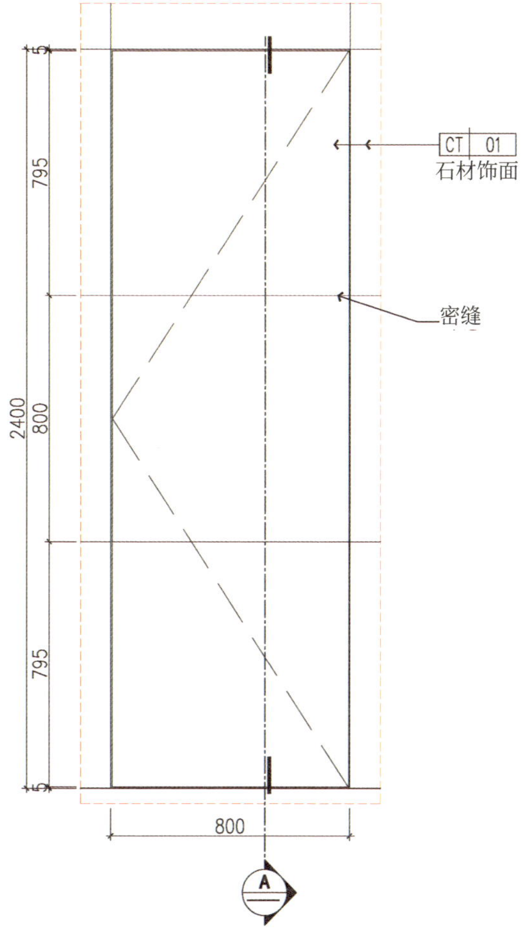

立面图

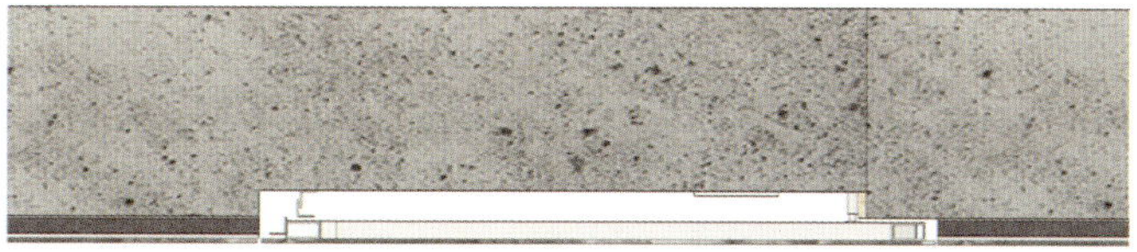

横剖面图

三维示意图

5

第五章

屏风节点

1 屏风 1

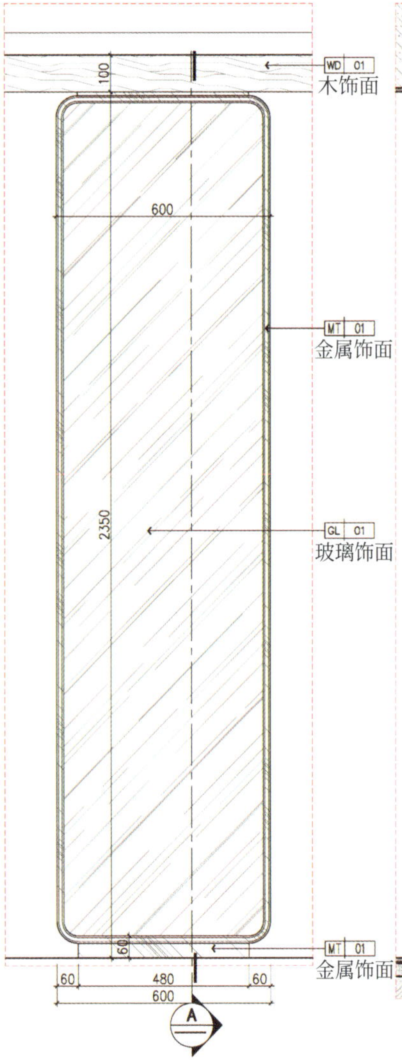

立面图

竖剖面图

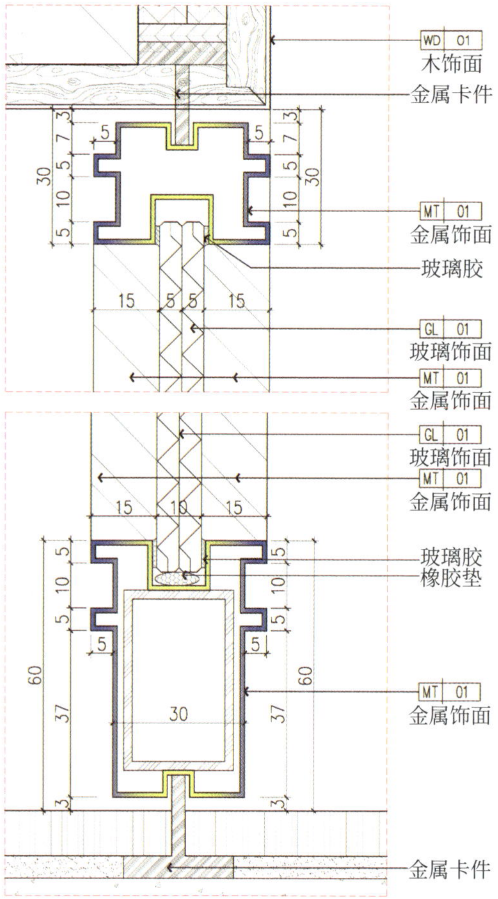

节点大样图

细部图

三维示意图

说明 需要在屏风上部和下部提前预留金属固定件的空间，并考虑屏风安装需要的活动空间。

2 屏风 2

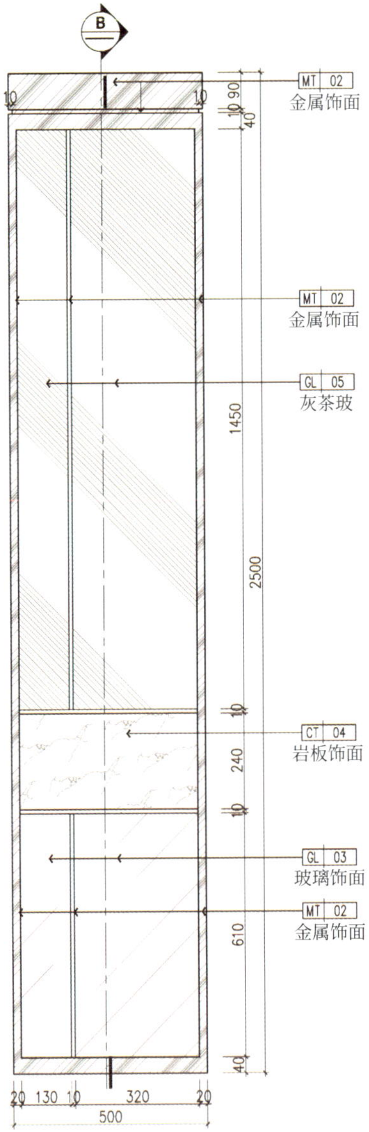

立面图

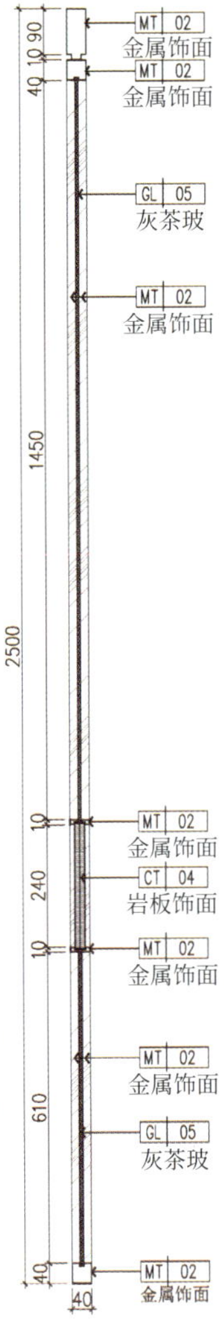

竖剖面图

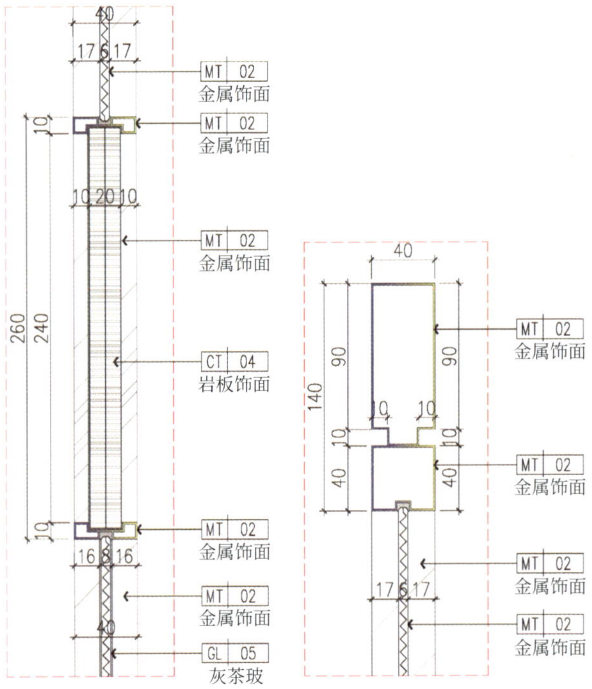

节点大样图

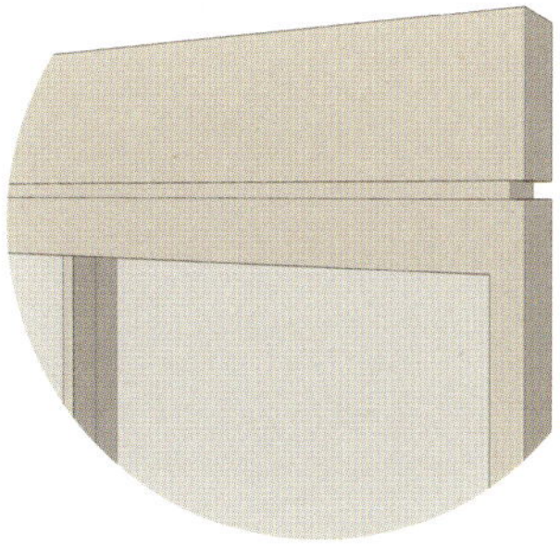

细部图

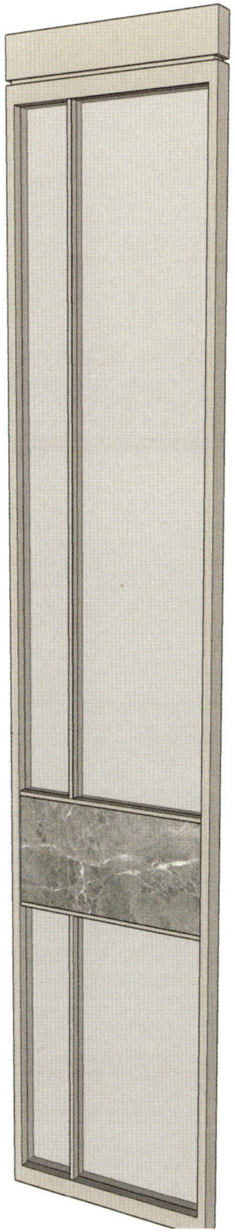

三维示意图

说明 可以使用膨胀螺栓固定屏风的顶部和侧边，并且注意屏风上的孔需要与顶部左侧的固定位置对齐。

3 屏风 3

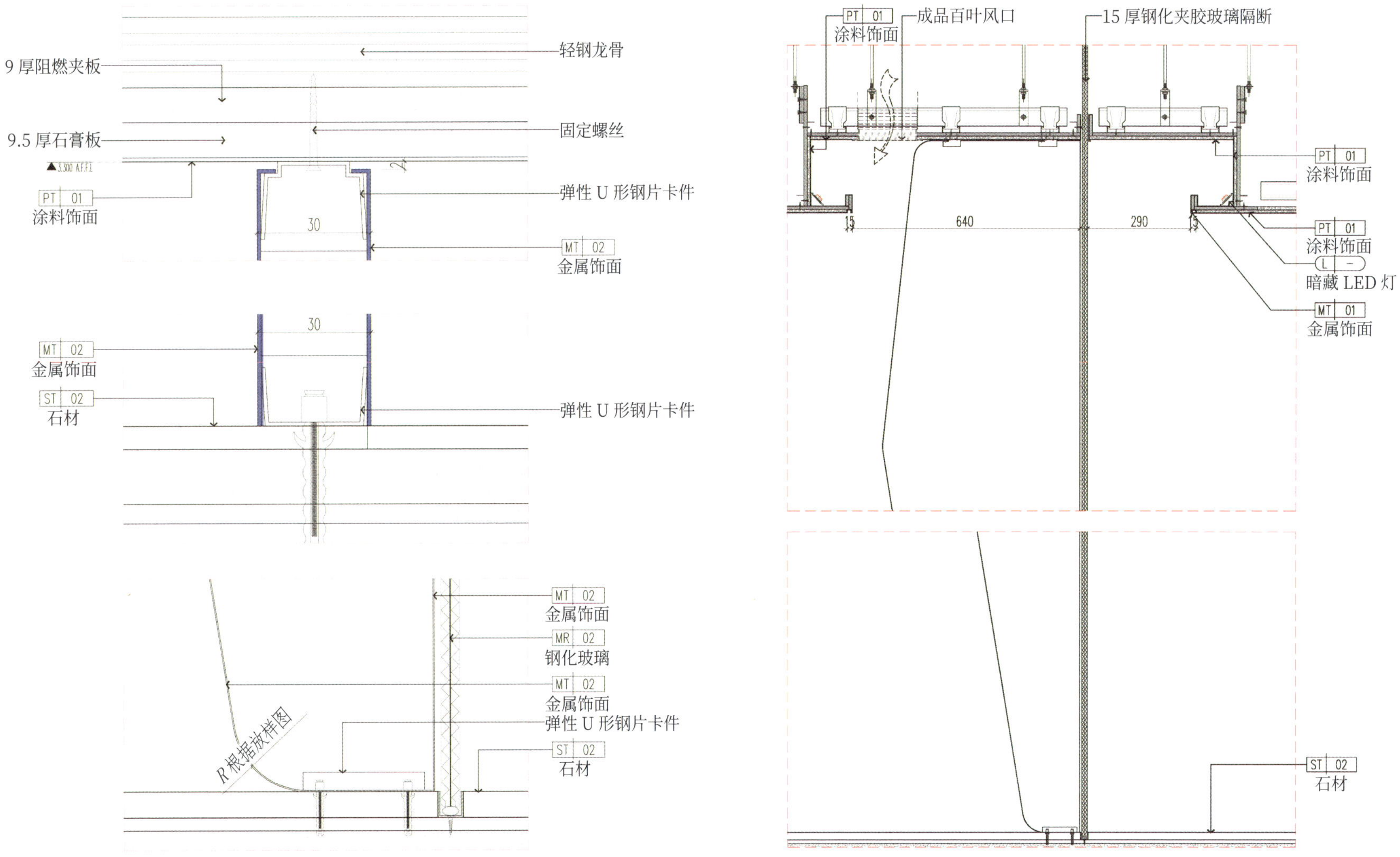
轻钢龙骨
9 厚阻燃夹板
固定螺丝
9.5 厚石膏板
PT 01
涂料饰面
弹性 U 形钢片卡件
30
MT 02
金属饰面
30
MT 02
金属饰面
ST 02
石材
弹性 U 形钢片卡件
MT 02
金属饰面
MR 02
钢化玻璃
MT 02
金属饰面
弹性 U 形钢片卡件
ST 02
石材
R 根据放样图
PT 01
涂料饰面
成品百叶风口
15 厚钢化夹胶玻璃隔断
PT 01
涂料饰面
PT 01
涂料饰面
L
暗藏 LED 灯
MT 01
金属饰面
15
640
290
ST 02
石材

节点大样图

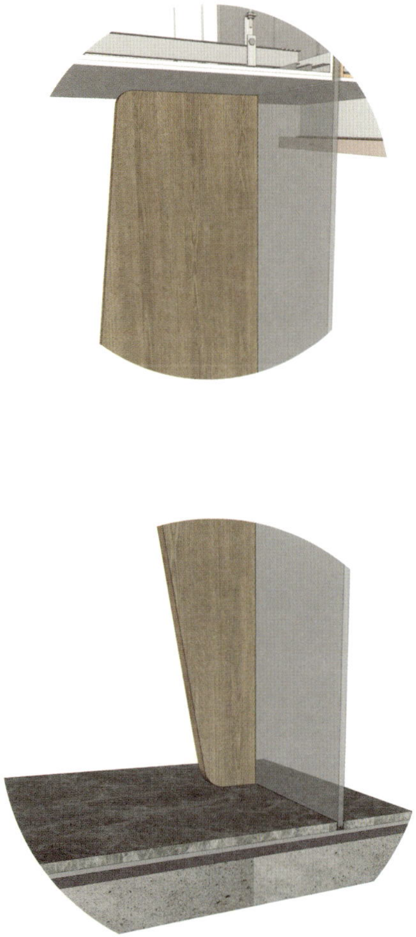

细部图

三维示意图

说明　先提前把弹性 U 形钢片卡件与天花夹板固定，然后安装好地面上的弹性固定钢片，最后扣上铝格栅。

4 屏风 4

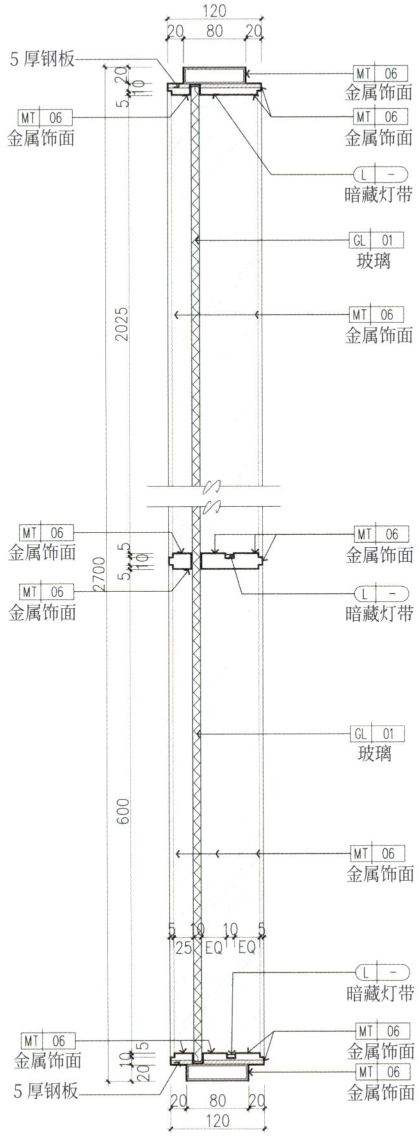

竖剖面图

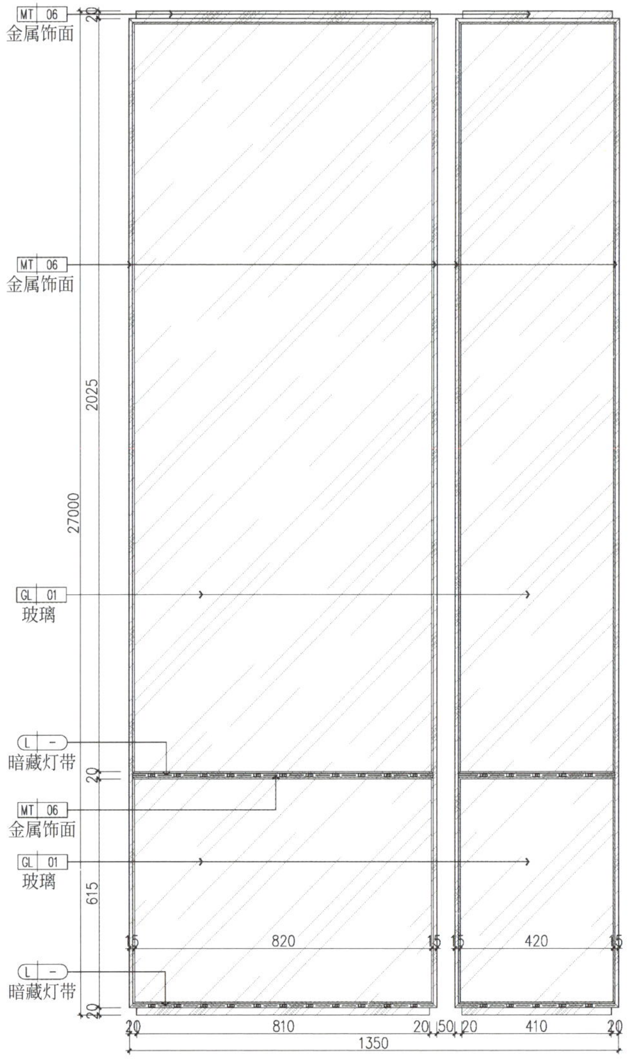

立面图

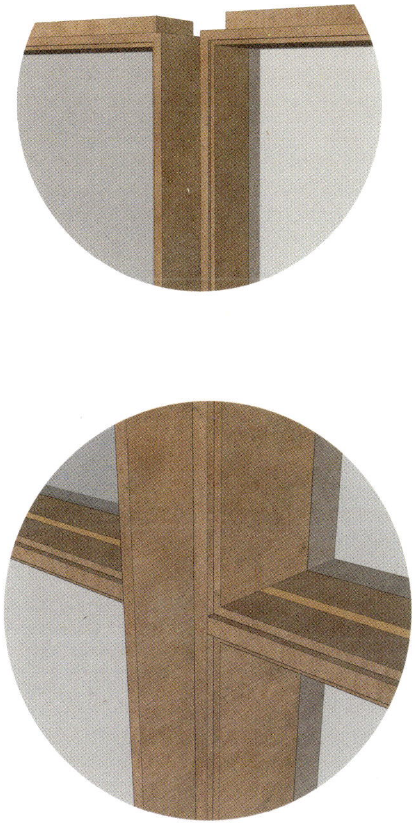

细部图

三维示意图

5 屏风 5

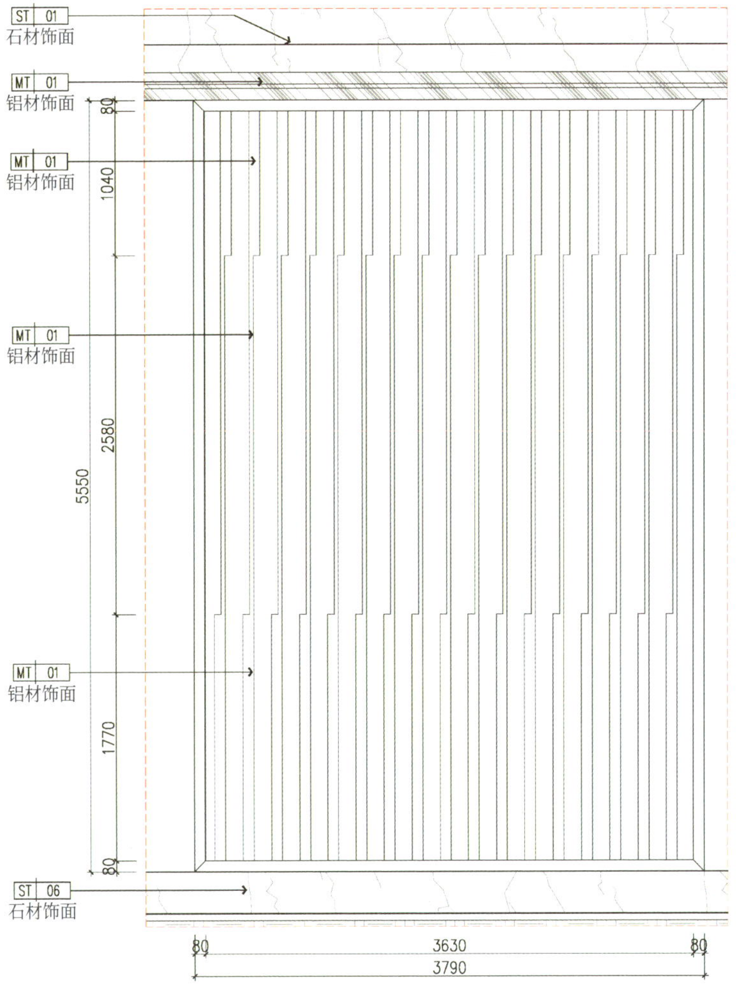

立面图

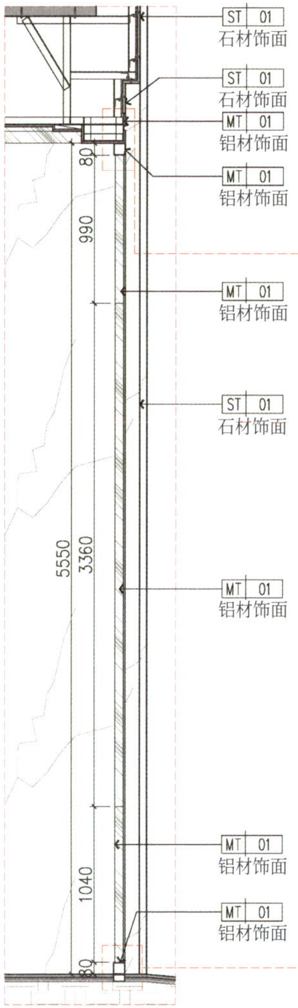

竖剖面图

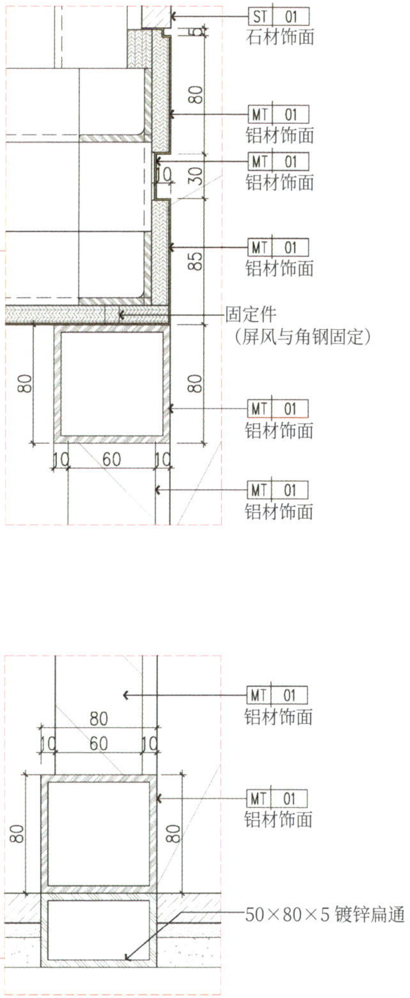

节点大样图

细部图

三维示意图

6

第六章

柱子节点

1 柱子节点（硬包与金属）

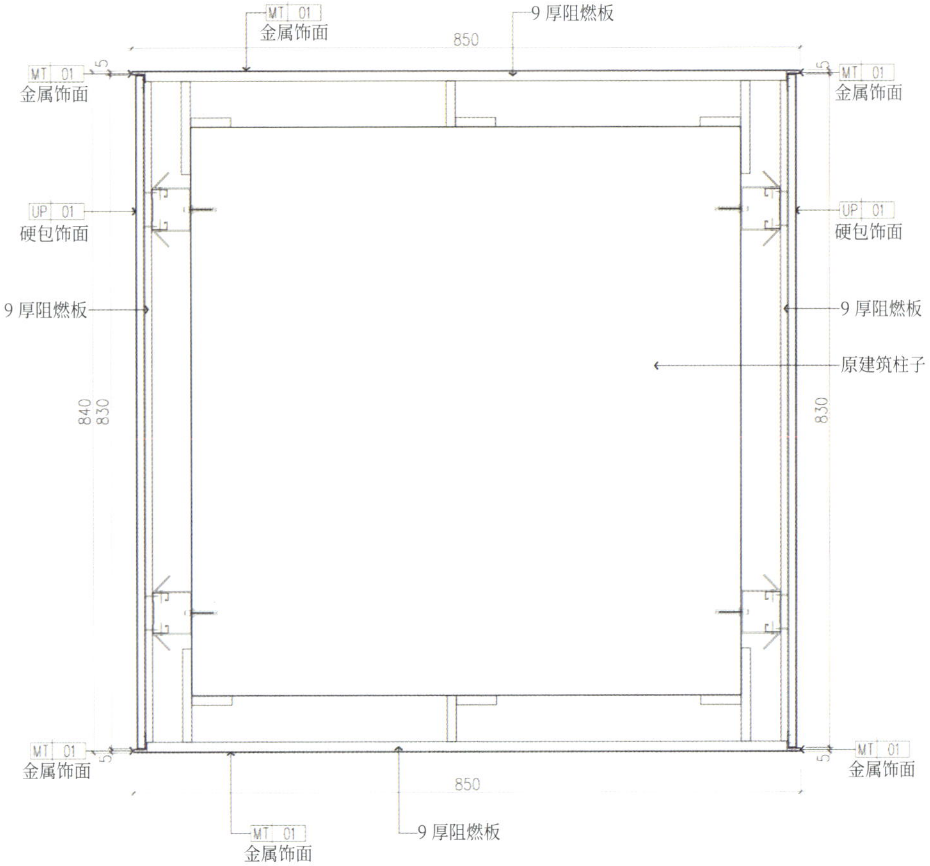

横剖面图

三维示意图

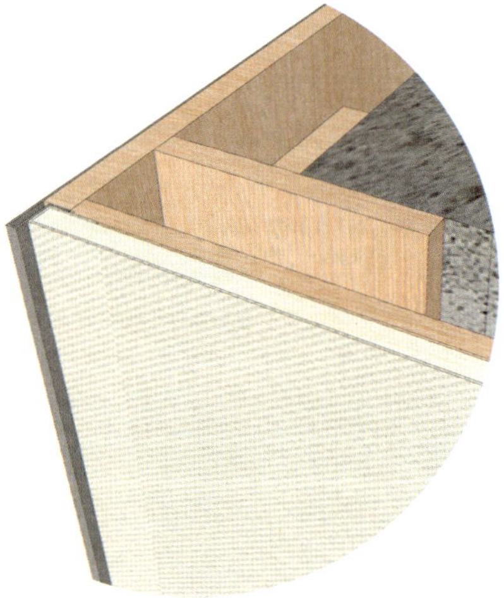

细部图

说明 金属正面最少折 5 mm，硬包基层用卡式龙骨、夹板，完成面厚度为 70 mm。

2 柱子节点（硬包与硬包）

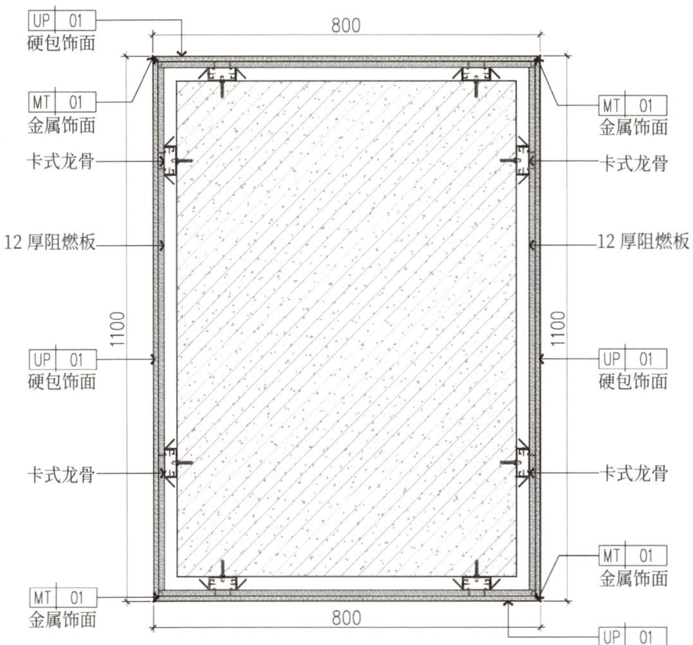

横剖面图

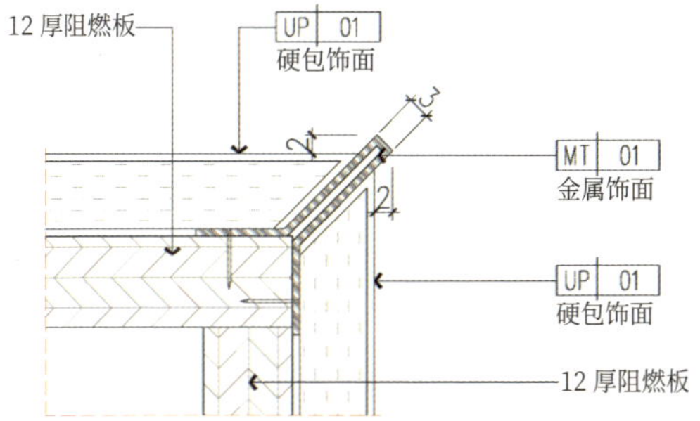

节点大样图

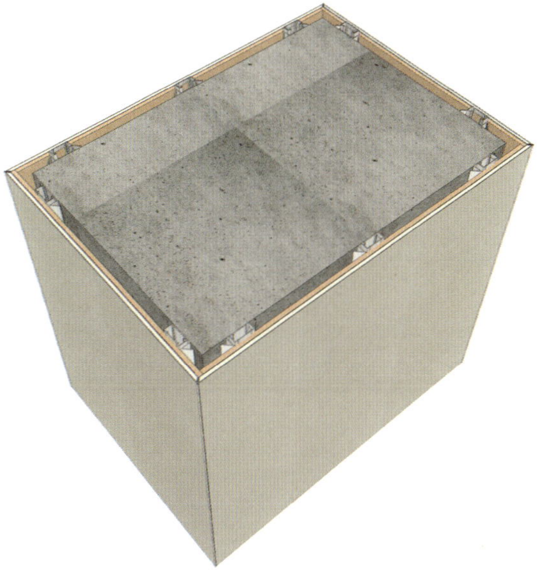

三维示意图

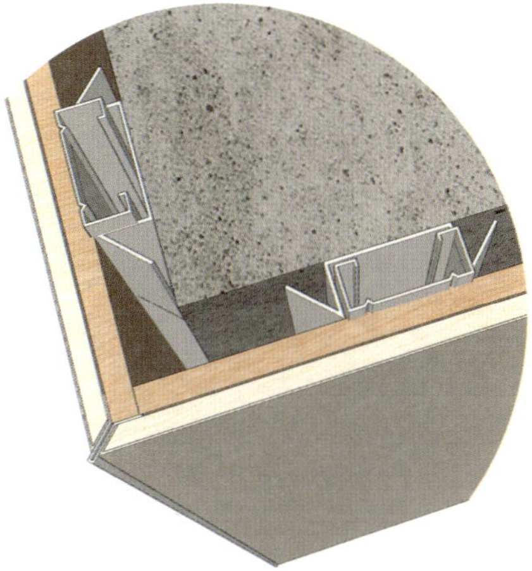

细部图

说明 硬包基层用卡式龙骨，安装阻燃夹板，转角处收口用成品收边条，完成面厚度为 50 mm。

3 柱子节点（金属与银镜）

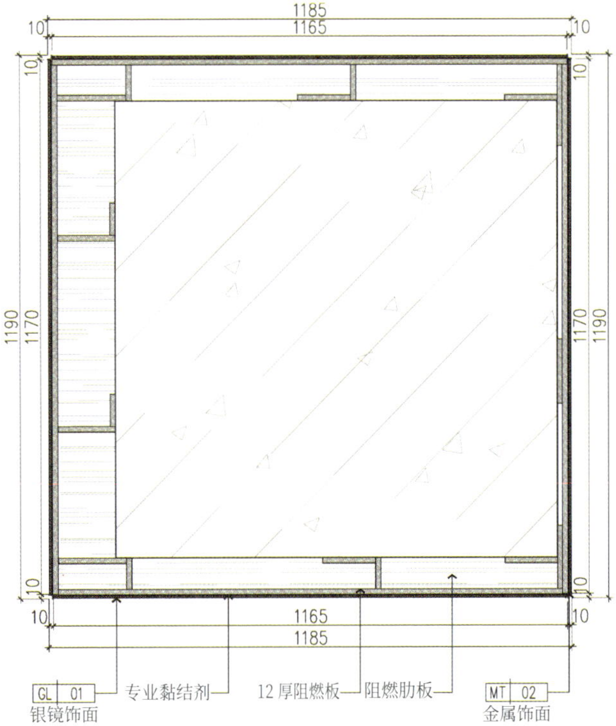

横剖面图

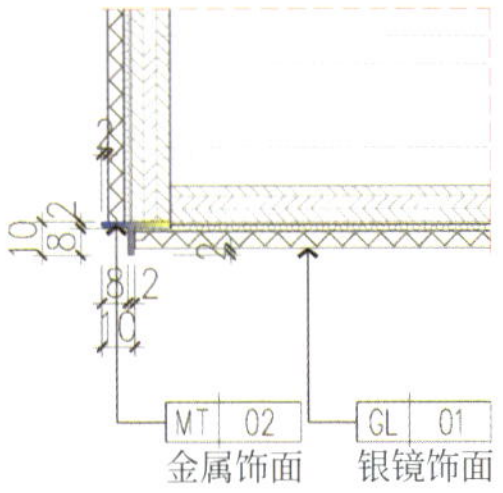

节点大样图

说明	金属正面最少折 5 mm，硬包基层用卡式龙骨、夹板，完成面厚度为 70 mm。

三维示意图

细部图

4 柱子节点（金属铝板）

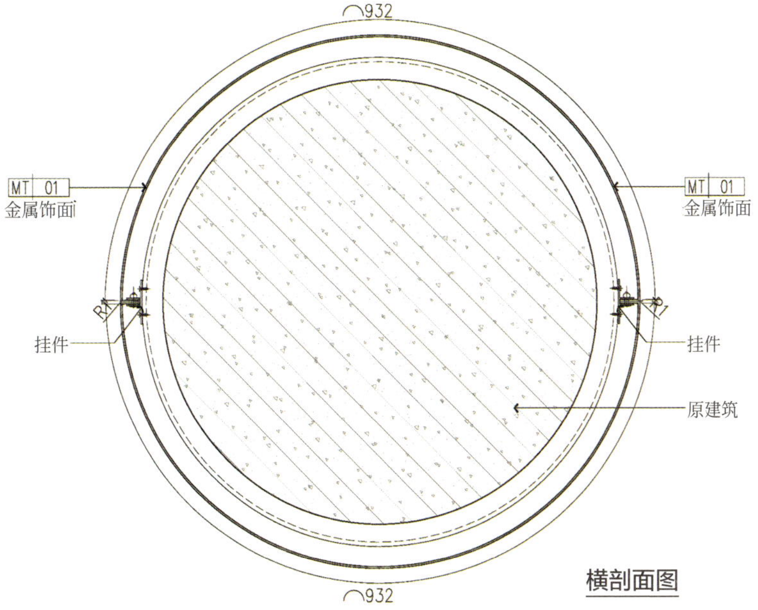

横剖面图

三维示意图

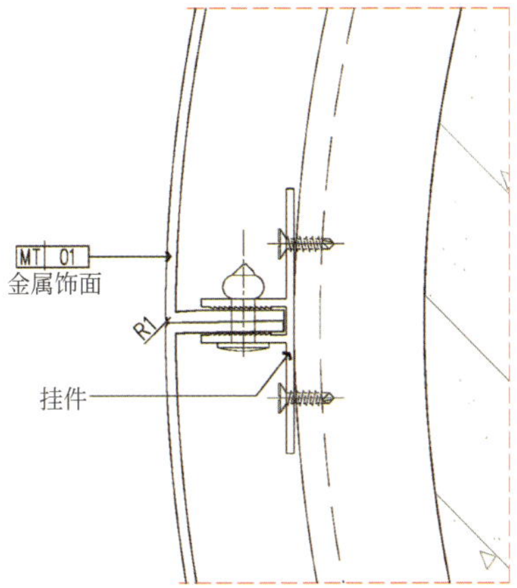

节点大样图

横剖面图

5 柱子节点（木饰面）

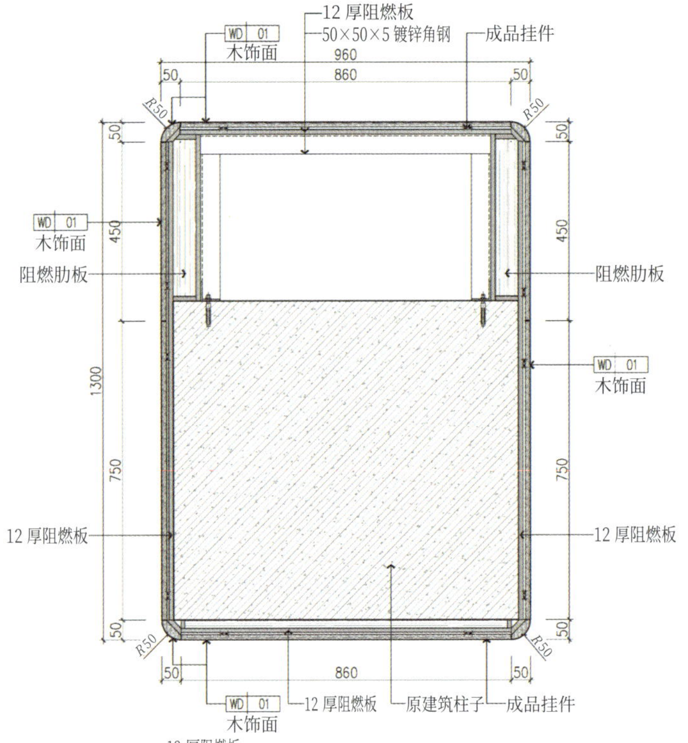

横剖面图

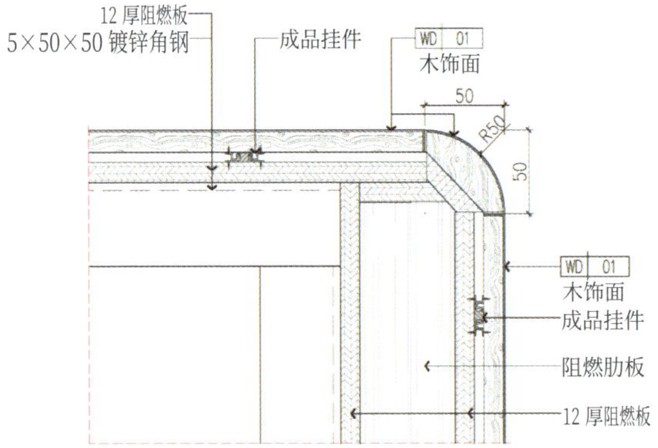

节点大样图

三维示意图

细部图

6 柱子节点（涂料饰面）

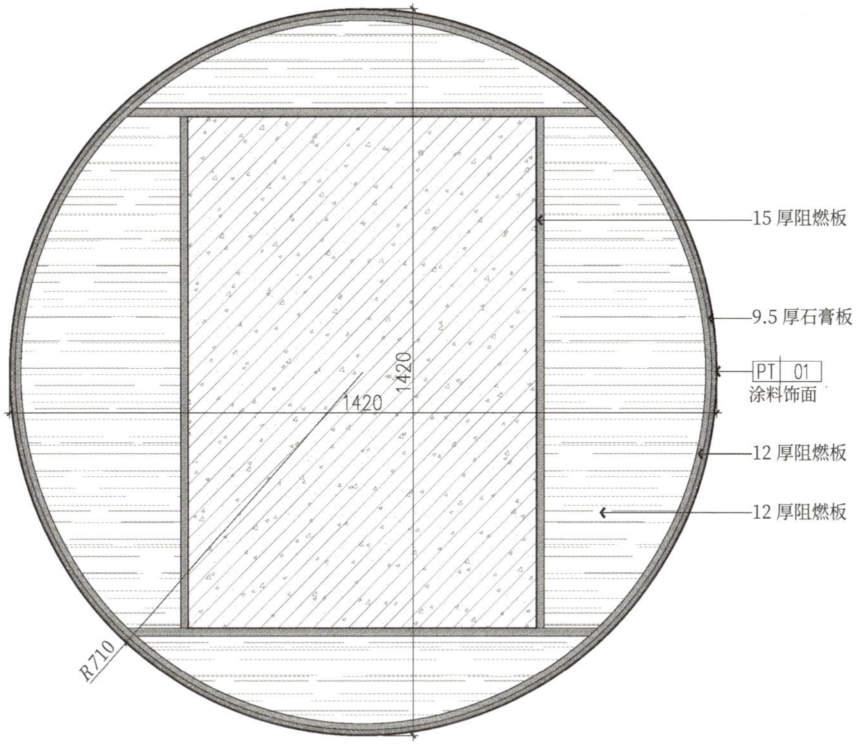

横剖面图

三维示意图

横剖面图

7

第七章

踢脚线节点

1 金属踢脚线节点

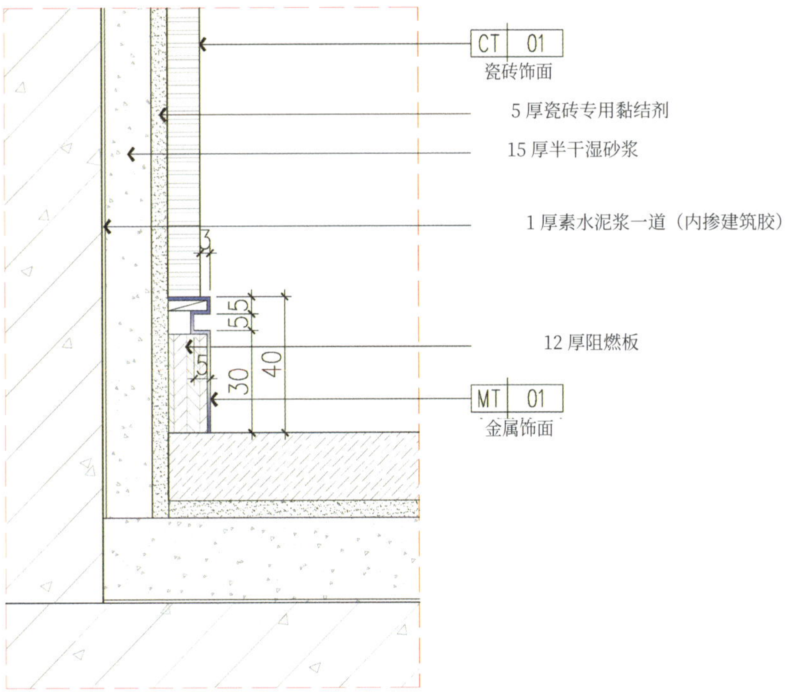

节点大样图

三维示意图

竖剖面图

说明 在墙面开槽，铺设地砖，做基层衬底，卡入定制好的金属踢脚线。

2 金属踢脚线与瓷砖

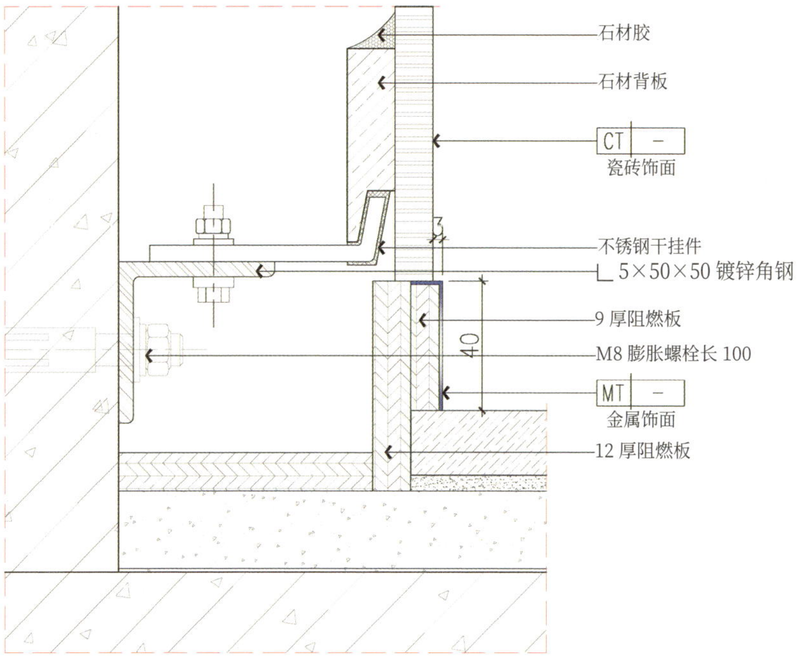

节点大样图

三维示意图

竖剖面图

说明 铺设地砖，干挂墙面瓷砖，做好踢脚线基层衬板，安装踢脚线。

3 金属踢脚线与石材

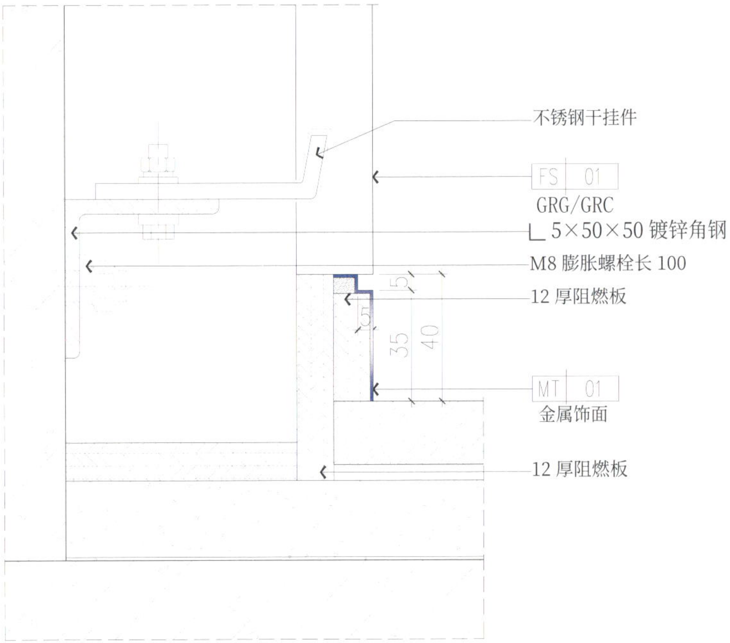

节点大样图

三维示意图

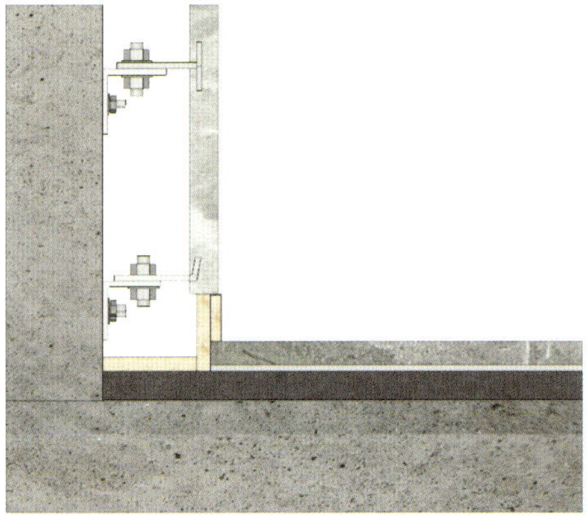

竖剖面图

4 金属踢脚线与石材

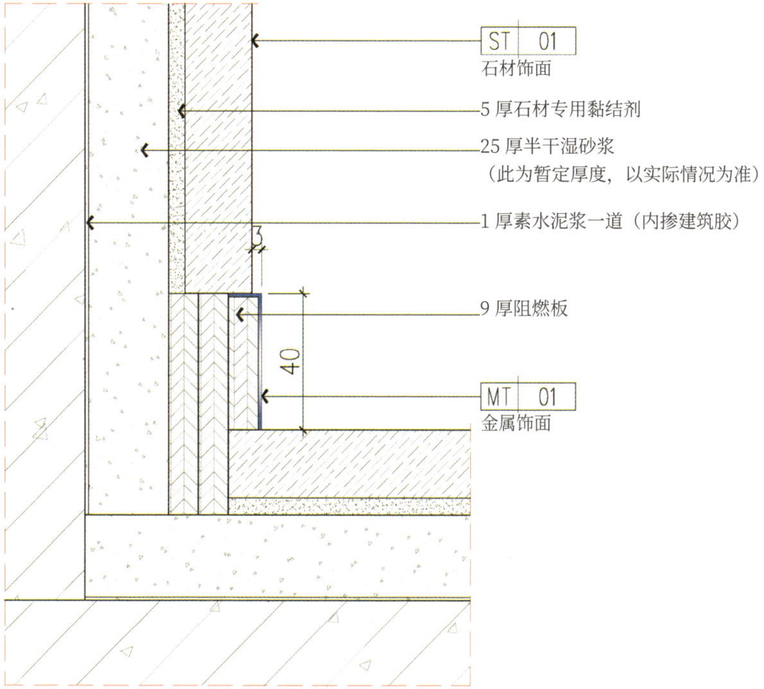

节点大样图

三维示意图

竖剖面图

说明 进行地面铺贴，墙面水泥砂浆找平，配制黏结剂，铺贴墙面石材、踢脚线基层衬板，安装踢脚线。

5 金属踢脚线与木饰面

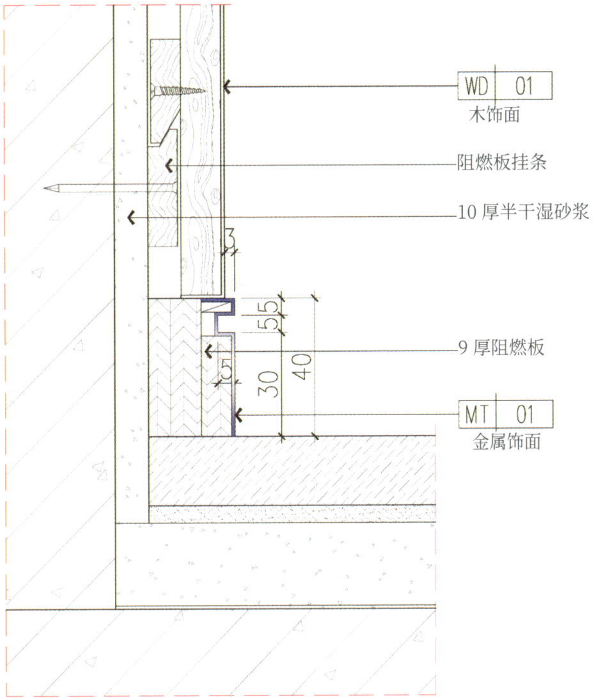

节点大样图

三维示意图

竖剖面图

说明 进行地面铺贴，墙面水泥砂浆找平，用木挂条固定饰面板，安装踢脚线基层衬板和踢脚线。

6 金属踢脚线与软包

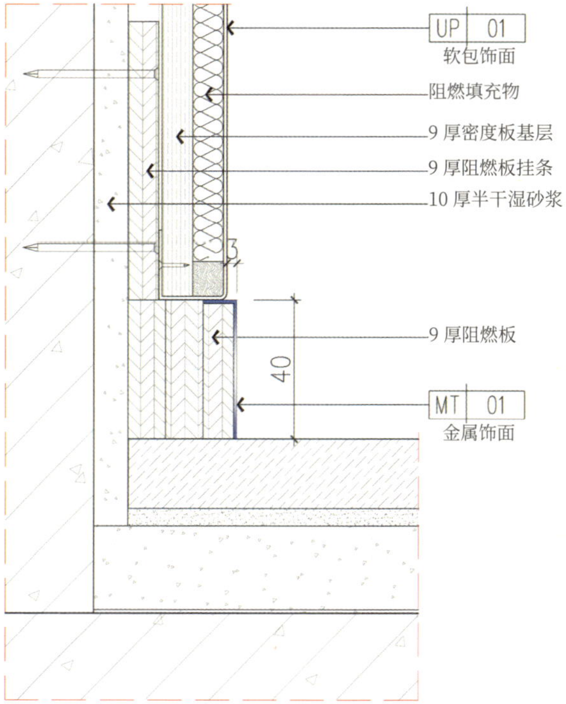

节点大样图

三维示意图

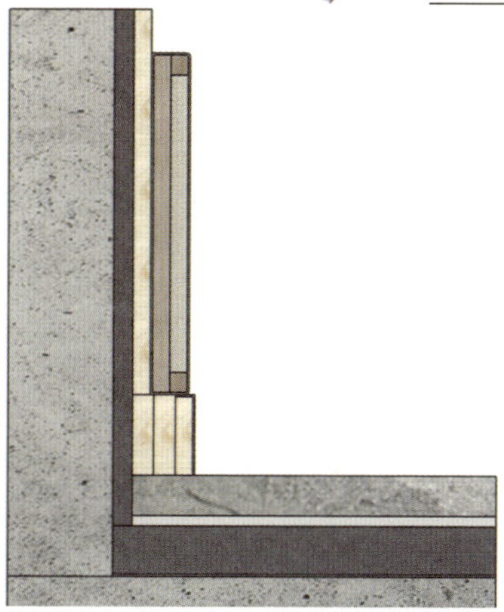

竖剖面图

说明 进行地面铺贴，墙面水泥砂浆找平，安装阻燃夹板或欧松板衬底，胶粘固定在硬包基层板上，预留踢脚线基层衬板，安装踢脚线。

7 金属踢脚线与涂料

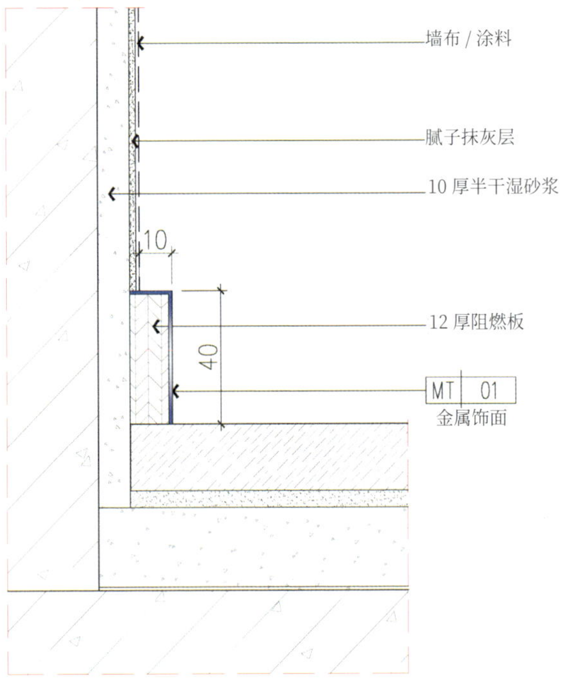

节点大样图

三维示意图

竖剖面图

说明 进行地面铺贴，做基层处理，修补腻子，刮腻子，施涂三遍乳胶漆涂料，预留踢脚线基层衬板，明装踢脚线。

8 金属踢脚线与木质吸声板

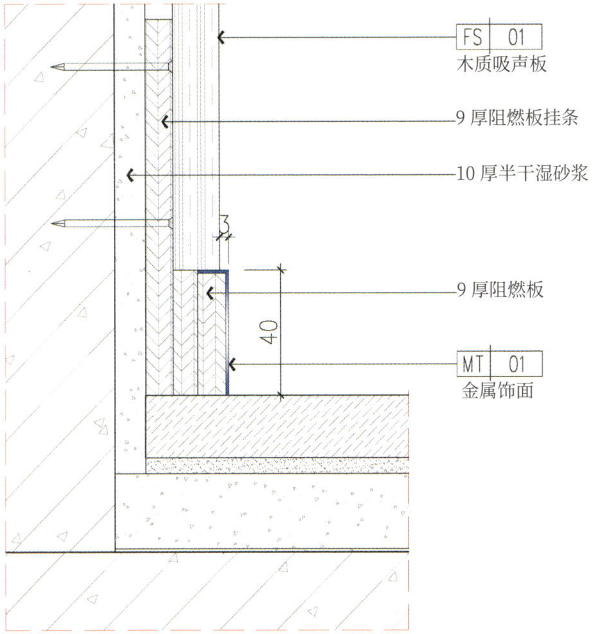

节点大样图

三维示意图

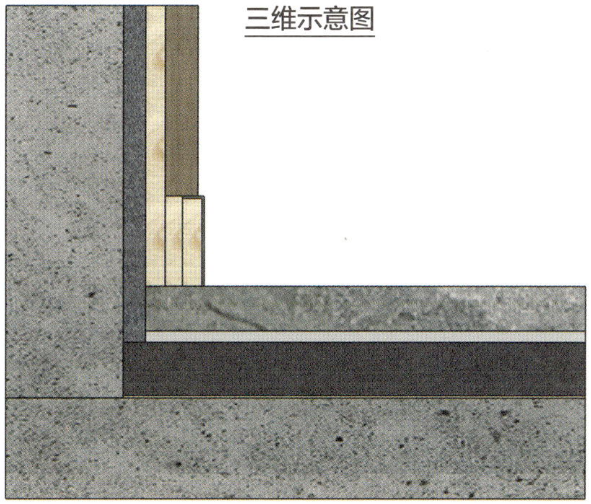

竖剖面图

说明 进行地面铺贴，安装阻燃基层板衬底，安装木质吸声板，预留踢脚线基层衬板，安装踢脚线（凸出 3 mm）。

9 金属踢脚线与镜面

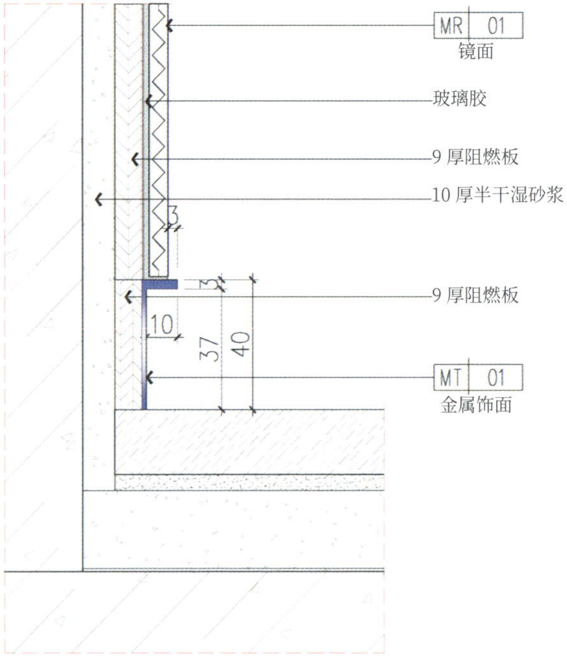

节点大样图

三维示意图

竖剖面图

说明 进行地面铺贴，安装阻燃基层板衬底，使用玻璃胶安装固定玻璃饰面，预留踢脚线基层衬板，安装踢脚线（上部凸出镜面 3 mm，下部内凹 10 mm）。

10 金属踢脚线与 GRG（玻璃纤维增强石膏）

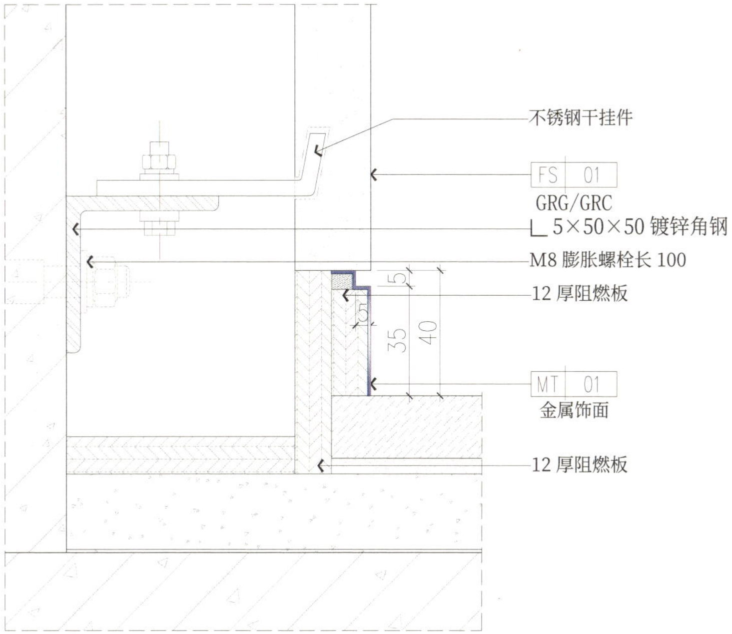

节点大样图

三维示意图

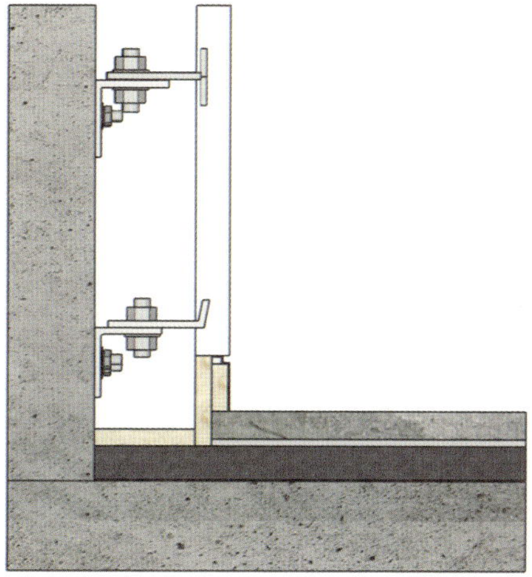

竖剖面图

说明 进行地面铺贴，干挂 GRG 材料，预留踢脚线基层衬板，安装踢脚线（踢脚线与 GRG 饰面齐平）。

11 金属踢脚线与石材

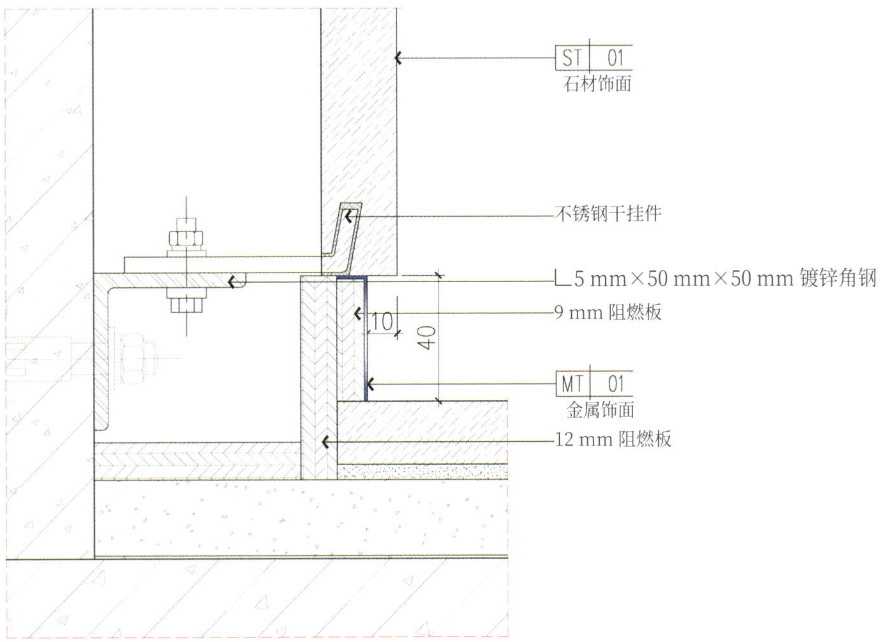

节点大样图

三维示意图

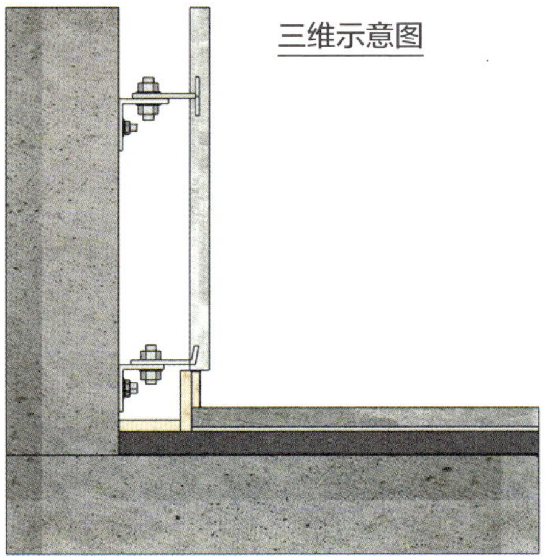

竖剖面图

说明 进行地面铺贴，干挂石材，预留踢脚线基层衬板，安装踢脚线（踢脚线内凹于石材饰面 10 mm）。

12 金属踢脚线与石材（湿贴工艺 1）

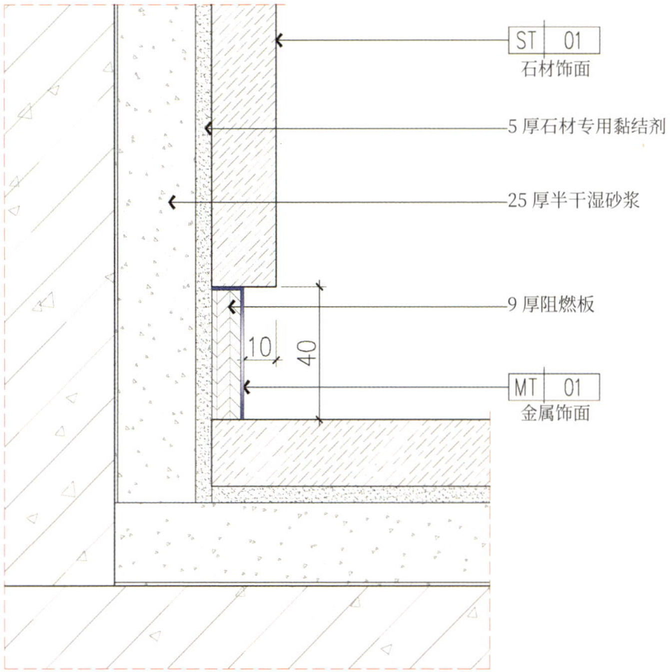

节点大样图

三维示意图

竖剖面图

说明	进行地面铺贴，水泥砂浆找平，用专用胶粘贴石材，安装踢脚线（内凹于石材饰面 10 mm）。

14 金属踢脚线与石材（湿贴工艺 2）

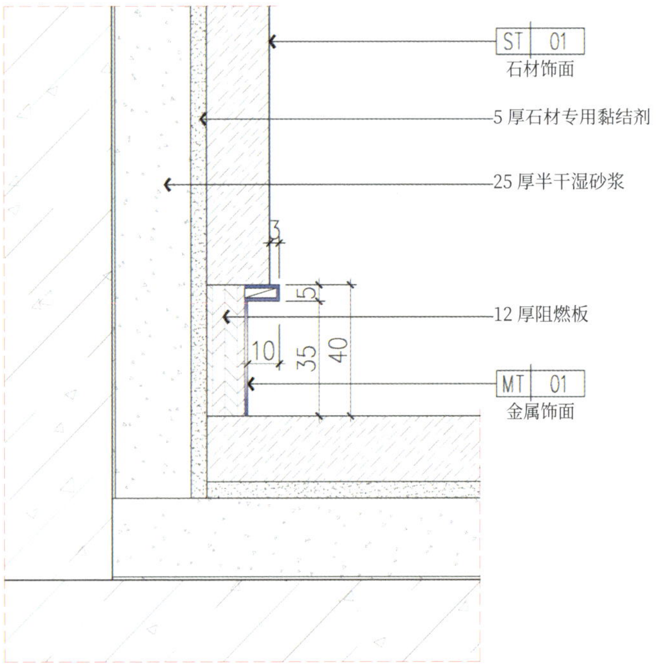

节点大样图

三维示意图

竖剖面图

说明 进行地面铺贴，水泥砂浆找平，用石材专用胶粘贴石材，安装踢脚线（上部凸出石材饰面 3 mm，下部内凹 10 mm）。

15 金属踢脚线与石材（湿贴工艺 3）

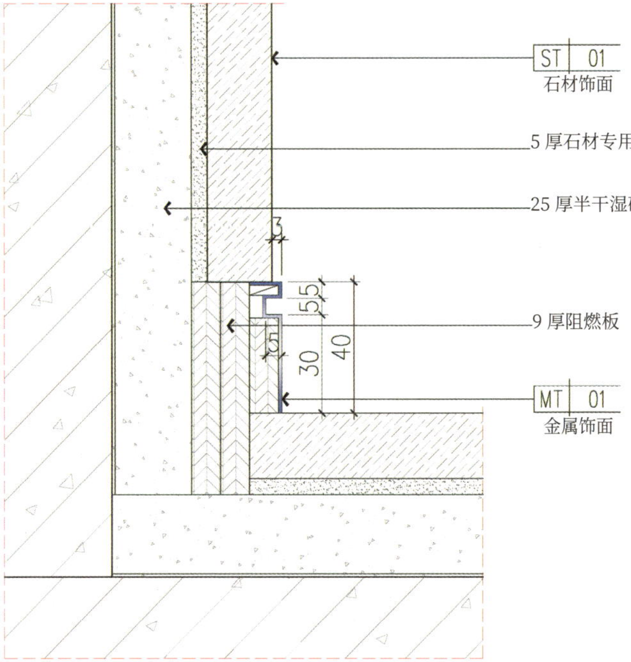

节点大样图

三维示意图

竖剖面图

说明	进行地面铺贴，水泥砂浆找平，使用专用胶粘贴石材，安装踢脚线（上部凸出石材饰面 3 mm，定制踢脚线）。

13 金属踢脚线与石材（干挂工艺 1）

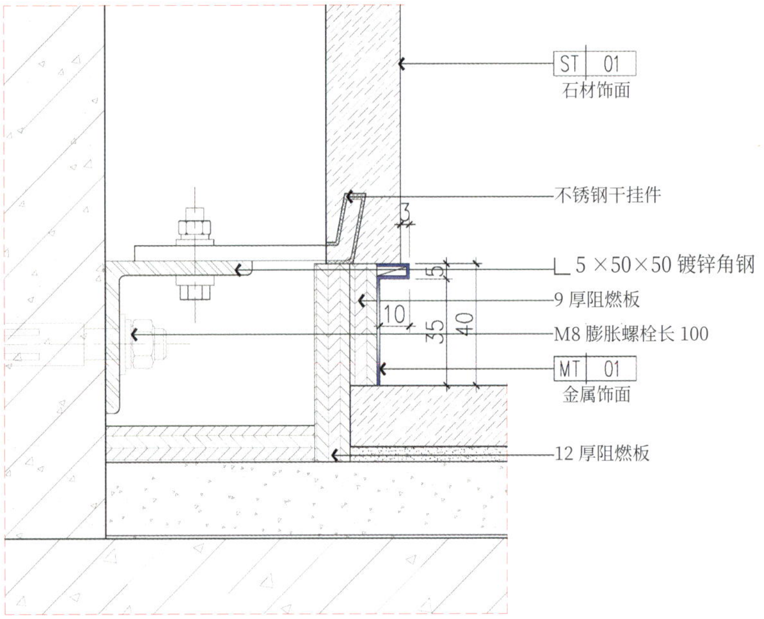

节点大样图

三维示意图

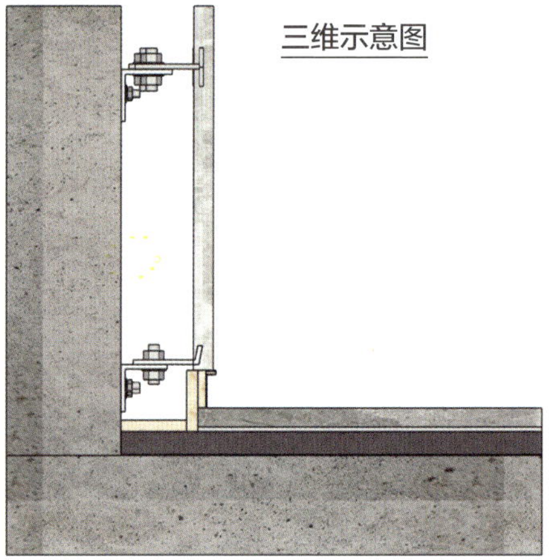

竖剖面图

说明 进行地面铺贴，干挂石材，预留踢脚线基层衬板，安装踢脚线（上部凸出石材饰面 3 mm，下部内凹 10 mm）。

16 金属踢脚线与石材（干挂工艺 2）

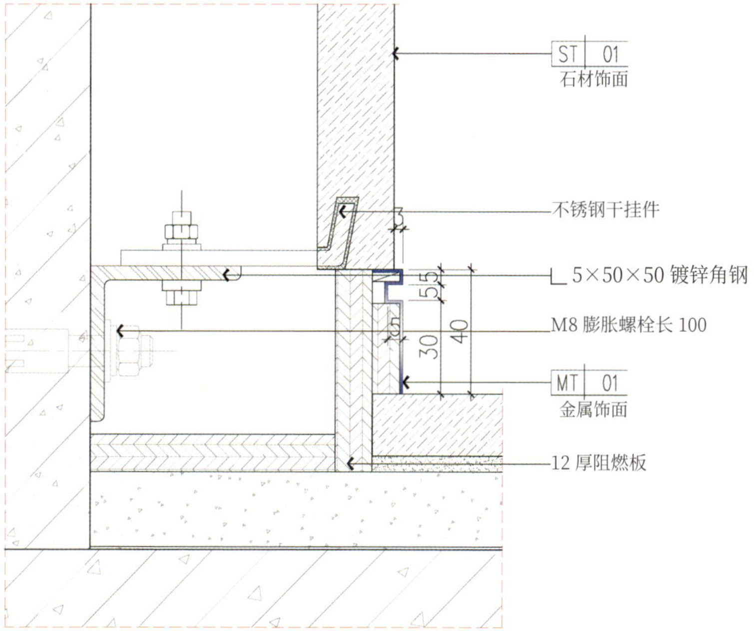

节点大样图

三维示意图

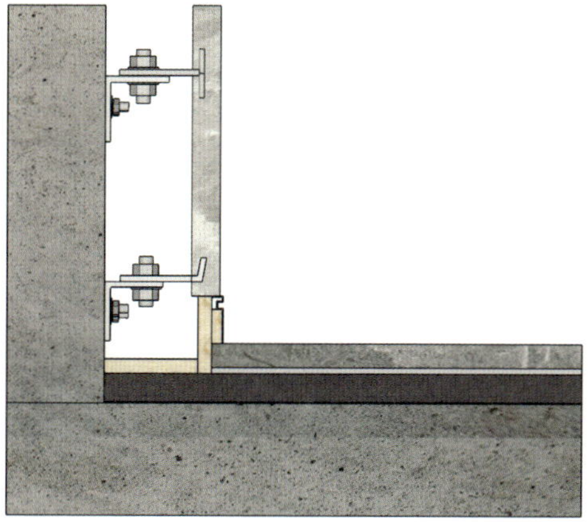

竖剖面图

说明 进行地面铺贴，干挂石材，预留踢脚线基层衬板，安装踢脚线（凸出石材饰面 3 mm，定制金属踢脚线）。

17 金属踢脚线与石材（齐平收口）

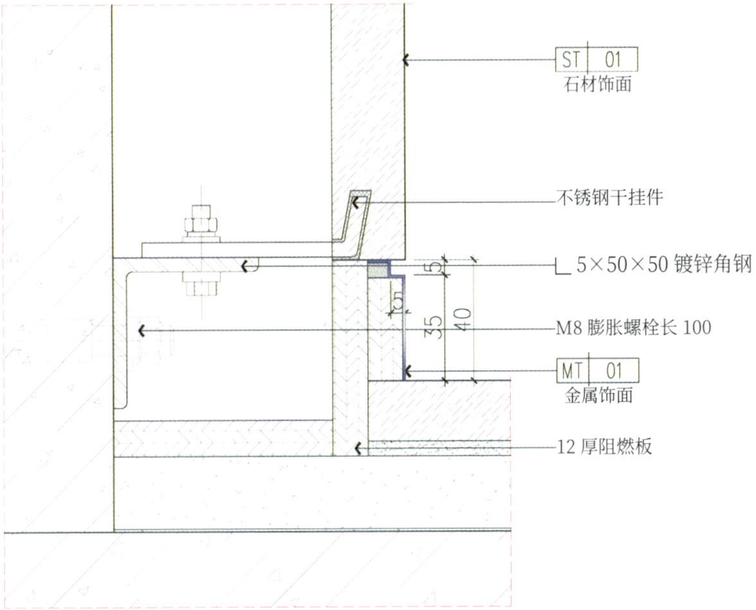

节点大样图

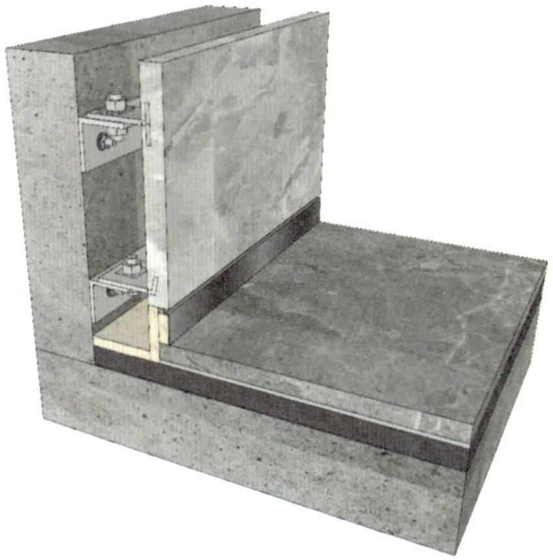

三维示意图

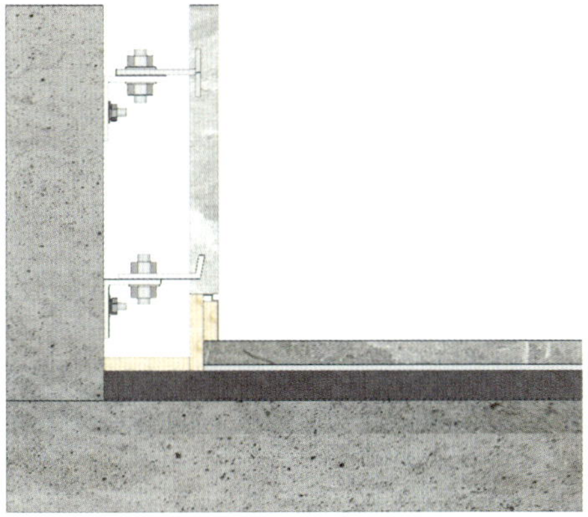

竖剖面图

说明 进行地面铺贴，干挂石材，预留踢脚线基层衬板，安装踢脚线（上部留 5 mm×5 mm 凹槽，下部与石材饰面齐平，定制金属踢脚线）。

18 金属踢脚线与木饰面收口 1

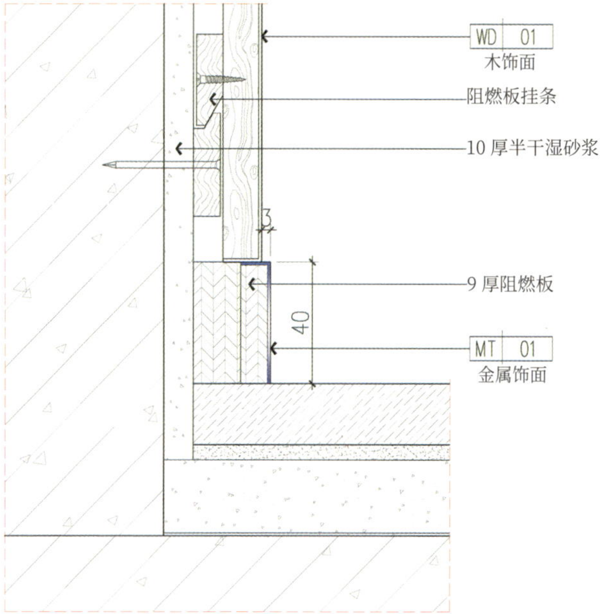

节点大样图

三维示意图

竖剖面图

说明 进行地面铺贴，墙面水泥砂浆找平，用木挂条固定饰面板，预留踢脚线基层衬板，安装踢脚线（踢脚线凸出木饰面 3 mm）。

19 金属踢脚线与木饰面收口 2

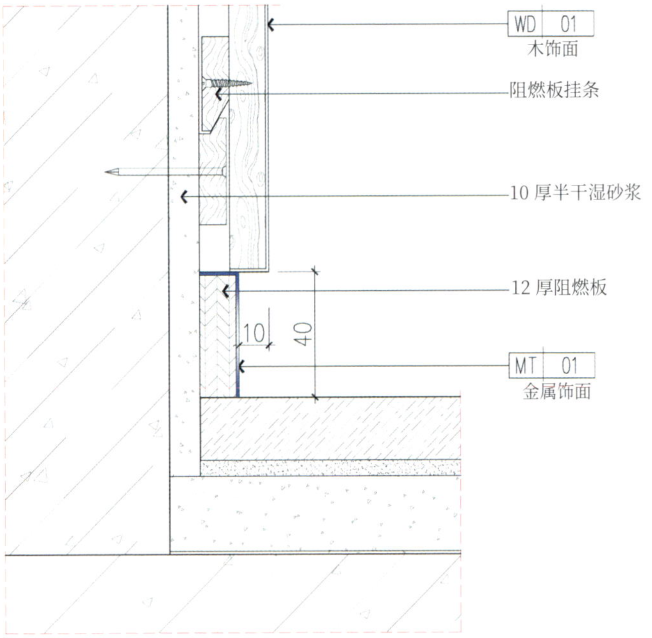

节点大样图

三维示意图

竖剖面图

说明 进行地面铺贴，墙面水泥砂浆找平，用木挂条固定饰面板，预留踢脚线基层衬板，安装踢脚线（踢脚线内凹于木饰面 10 mm）。

20 金属踢脚线与木饰面收口 3

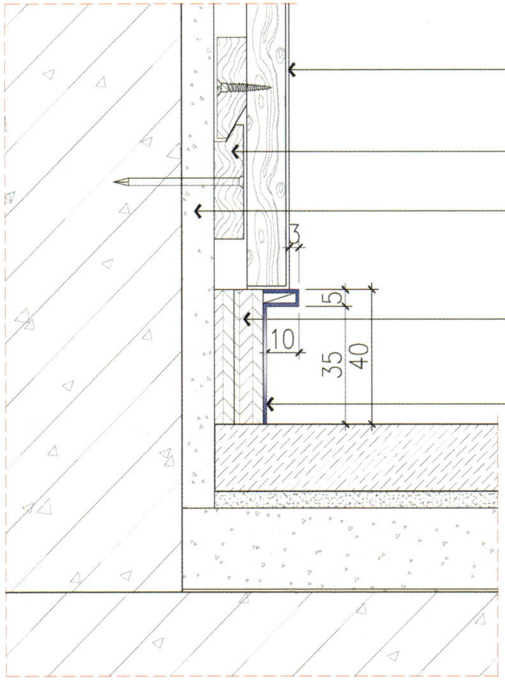

节点大样图

三维示意图

竖剖面图

说明 进行地面铺贴，墙面水泥砂浆找平，用木挂条固定饰面板，预留踢脚线基层衬板，安装踢脚线（上部凸出木饰面 3 mm，下部内凹 10 mm）。

赠送

《室内设计师须知的 100 个节点》

SU 图纸文件

下载方式 1

链接 : https://pan.baidu.com/s/1yN2M_oMx8QcrlHwenR9DDg?pwd=wabp

提取码 : wabp

下载方式 1